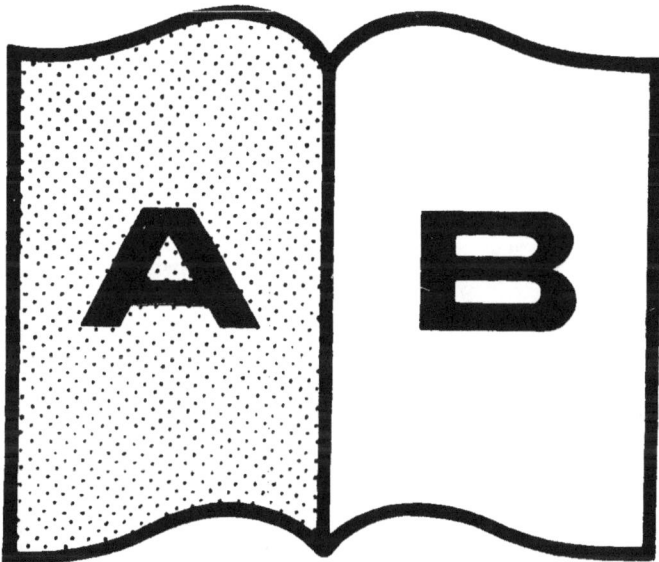

Contraste insuffisant

NF Z 43-120-14

ANATOMIE
DE LA TÊTE,
EN TABLEAUX IMPRIMÉS,

QUI REPRESENTENT AU NATUREL
le Cerveau fous différentes coupes, la diftribution
des Vaiffeaux dans toutes les Parties de la Tête, les
Organes des Sens , & une partie de la Névrologie ;
d'après les Piéces difféquées & préparées,

Par M. DUVERNEY, Maître en Chirurgie, à Paris, Membre de l'Aca-
démie de Chirurgie, & Démonftrateur en Anatomie au Jardin Royal;

EN HUIT GRANDES PLANCHES,

Deffinées, Peintes, Gravées, & Imprimées en Couleur & Grandeur naturelle,

Par le Sieur GAUTIER, feul Privilégié du Roy pour cet Ouvrage ; avec
des Tables relatives aux Figures.

DEDIÉE AU ROY.

T. 476

A PARIS,

Chez
{ le Sieur GAUTIER, Graveur du Roy; rue de la Harpe, après
la rue Poupée, la feconde Maifon neuve , à droite.
M. DUVERNEY, Démonftrateur Royal, rue Saint Victor.
QUILLAU, Imprimeur-Libraire, rue Galande, à l'Annonciation.

M. DCC. XLVIII.
AVEC APPROBATION ET PRIVILEGE DU ROY.

AU ROI,

SIRE,

Avicenne, célèbre dans la Médécine, étoit Prince de Cordouë. Mithridate, amateur de cette Science, étoit Roi de Pont. Plus d'un Souverain & plus d'un Potentât ont cultivé l'Art de guérir, & parconféquent l'Anatomie, qui en eft la baze; j'oferai donc dédier à VOTRE MAJESTE' mes Tableaux imprimés de l'Anatomie de la Tête. Vous y admirerez, SIRE, la ftructure de cette partie du Corps humain, qui plus que toute autre, diftingue l'Homme des autres animaux foumis à fon empire. C'eft le Temple de la Sageffe, le Sanctuaire de la Vertu. C'eft le moule divin, où fe forme la modération des Conquérants pacifiques & l'amabilité des Rois, chéris de leurs Peuples.

VOTRE MAJESTE' ne dédaignera pas de jetter les yeux fur des merveilles qui la touchent de fi près. Je les lui préfente fidélement exprimées d'après nature. Mon Burin lui fauvera l'horreur que lui infpireroit la nature elle-même, violée par un fer peut-être barbare. Ce n'eft que dans les Champs de Mars que de pareils objets ne fauroient ébranler votre intrépidité; par-tout ailleurs ils font capables de faifir un Roi fenfible, digne du furnom qu'il tient de l'amour de fes Sujets.

SIRE,

DE VOTRE MAJESTE',

Le très-humble obéiffant & fidéle ferviteur,
& fujet JACQUES GAUTIER.

ANATOMIE DE LA TÊTE

OU SONT DIMONTRES LES DIFFERENTES COUPES

du Cerveau, l'Angéologie, & l'Origine de tous les Nerfs
de la Moëlle allongée.

PREMIERE TABLE EXPLICATIVE.

LA Tête appellée par les Anatomiſtes le *Ventre ſupérieur*, eſt le Siége de l'ame. C'eſt là où elle reçoit
les différentes impreſſions de nos Sens & d'où elle
commande à toute la Machine, par le ſecours des Nerfs ;
ſe ſervant des Eſprits animaux que le Cerveau prépare,
& qu'elle diſtribue dans ceux qui ſe portent aux différentes parties du Corps. L'admirable Structure de ces
Organes nous fait connoître la main du Créateur. La
Tête humaine eſt un recueil de merveilles & un chef-
d'œuvre de la Nature. Elle diffère de celle des Animaux
en pluſieurs choſes, dans ſa forme, dans l'étendue de
ſes parties organiques, dans l'arrangement de ces mêmes parties. Le Cerveau de l'Homme, par exemple, eſt
plus étendu que celui d'un Lion, d'un Cheval, & même
d'un Eléphant. Ces animaux ont la Tête plus groſſe que
celle d'un Homme ; les machoires & les dents d'une force
ſupérieure à la nôtre ; mais ils ont le Cerveau plus petit
& moins détaillé.

Je ferai voir dans mes *Obſervations ſur l'Hiſtoire naturelle*, (auſquelles j'ai joint des Planches colorées) dans
l'Article de l'Anatomie comparée, les différences du
Cerveau de l'Homme à celui des Animaux.

Deſcartes place le ſiége de l'Ame dans la Glande Pinéale, qui eſt ſituée à la partie poſtérieure des couches
des Nerfs optiques, laquelle domine les éminences *Nates* & *Teſtes*, ou Tubercules quadrijumaux. Cet Auteur
n'admettant aucune eſpace entre les particules des Corps,
étoit forcé de loger l'Ame dans la Matiere même, &
par conſéquent d'admettre la pénétration des Subſtances ;
ce qui ne pouvant s'accorder ni raiſon, a été la ſour-
ce d'une infinité d'erreurs, qui ont conduit les foibles
eſprits au Matérialiſme. On verra par la ſuite, dans l'A-
natomie des Viſceres, que l'on peut conjecturer ſur la ré-
ſidence de l'Ame, & de quelle façon elle peut agir ſur
nos Sens.

DIVISION DE LA TÊTE.

La Tête ou ventre ſupérieur, eſt diviſée en *Crâne* &
en *Face*. Elle eſt compoſée de parties *Contenantes*, qui
ſont communes & propres, & de parties *Contenuës*.

Les parties contenantes communes, ſont la *Peau*, la
Graiſſe, les *Muſcles*.

Les propres, ſont le *Péricrâne*, le *Crâne*, la *Dure-
Mere*, la *Pie-Mere*.

Les parties contenuës ſont le *Cerveau*, le *Cervelet*, la
Moëlle allongée, les dix paires de nerfs, la naiſſance du nerf
intercoſtal, les deux *Artéres cavotides internes*, & les deux
Artéres vertébrales, qui par leur réunion forment le *Tronc
Baſilaire*.

La *Face* qui eſt la ſeconde partie de la Tête, ſe di-
viſe en *machoire ſupérieure* & *inférieure*.

La Machoire ſupérieure eſt compriſe depuis la partie
inférieure de l'Os coronal, c'eſt-à-dire, de la Suture
tranſverſale du Front juſqu'à l'extrémité des dents, où
commence la Machoire inférieure qui eſt d'une ſeule
piéce dans les Adultes.

La Tête vue de front eſt en forme d'Ellipſe depuis le
Sommet juſqu'au menton. Les Peintres la diviſent en
quatre parties ; ils donnent la partie chevelue, qui
couvre le Sinciput, & au front juſqu'aux angles des yeux,
la moitié de la hauteur ; & à la hauteur du Nez le quart.
Ils diviſent encore la quatrième partie qui reſte du
Nez au Menton en trois parties, dont la *Commiſſure des
Lévres* occupe la première diviſion.

Le deſſus de la Tête eſt nommé par les Anatomiſtes
la *partie chevelue* qui eſt ſubdiviſée en trois parties, ſça-
voir en *Vertex* ou *Bregma*, & en *Occiput*.

Le Sinciput eſt, comme nous l'avons dit, le devant
de la Tête au deſſus du Front : le Vertex ou Bregma eſt
le ſommet de la Tête ; & l'Occiput en eſt le derriere.

La Tête vue de côté ou de profil, eſt d'une forme ir-
réguliere ; le côté de la Face eſt un peu applati, le deſſus eſt comme Ovale, & le derriere Rond. La Machoire
inférieure qui fait paroître plus longue par devant, &
l'Oreille en cette attitude occupe le milieu, comme l'on
voit à la première Figure. Les parties latérales de la Tête, au deſſus & au devant de l'Oreille, s'appellent *Tempora* ou les *Tempes*.

La deuxième Figure eſt vuë par derriere : cette partie de la Tête eſt preſque ronde. & l'Os qui la compoſe
en cet endroit eſt très-épais. Les Os du Crâne différent
dans leurs épaiſſeurs, & ſont plus forts dans les endroits
les plus expoſés, & tous enſemble forment une eſpéce de
Coffre pour emboîter toutes les parties internes de la Tête : ils ſont au nombre de huit, & ſe joignent par des
Sutures.

Les propres ſont, l'*Occipital* & les deux *Pariétaux*.

Les communs ſont le *Coronal*, les deux *Temporaux*,
l'Os *Ethmoïde*, & le *Sphénoïde*. Nous les décrirons dans la
Figure de l'Oſtéologie.

EXPLICATION
DE LA Ire PLANCHE.
FIGURE PREMIERE.

Si après l'injection, on examine la ſuperficie de la
Peau, elle paroît de la couleur, à peu près, d'une Eré-
péle naiſſante ; & on laiſſe ſécher la peau injectée, la diſtribution des Vaiſſeaux eſt telle quelquefois, qu'il eſt
impoſſible d'y rien diſtinguer : cependant il s'en rencontre où les ramifications ſont très-diſtinctes, comme celles dont je me ſuis ſervi.

A LA PARTIE CHEVELUE de la Tête.
B LE SINCIPUT, ou le devant de la Tête.
C LE VERTEX, ou Sommet.
D L'OCCIPUT.
E LES TEMPES.
F LA FACE, ou Machoire ſupérieure.
G LA MACHOIRE INFÉRIEURE.
H LA BASE DU COL.
I LA COUPE DU BUSTE.
L L'OREILLE, avec ſes Vaiſſeaux cutanés.
M L'ARTERE TEMPORALE qui paroît à la ſuperficie de
    la peau au devant de l'Oreille.
N L'ARTERE. fituée derrière l'Oreille, qui peut être
    regardée comme une branche de l'Occipitale.
O LA DISTRIBUTION DU TRONC; leurs branches
    qui ſont en grand nombre, ne doivent pas être
    regardées toutes comme Vaiſſeaux artériels, mais
    en partie veineux, vû que dans les injections
    les veines & les Vaiſſeaux limphatiques ſe rem-
    pliſſent de la liqueur injectée.
    J'ai auſſi obſervé que les Glandes miliaires & leur
    tiſſu étoient tellement couverts de vaiſſeaux,
    que la liqueur ſortoit, par leurs canaux excre-
    teurs, à travers la peau ; on pourroit auſſi croire
    que les pores, dont la peau eſt parſemée , lui don-
    nent iſſue, par la Roſée que l'on apperçoit en in-
    jectant. Il eſt bon d'avertir que cela ne peut ſe
    voir que lorſque l'épiderme eſt enlevé , par la
    macération, avant que d'injecter.
P LES VAISSEAUX de la peau du Col, qui viennent en
    partie, de ceux de la partie inférieure de la Face
    de l'Occipital , & des Vaiſſeaux de la Poitrine.

DEUXIÈME FIGURE.

Elle repréſente la Tête & le Col vû par derriere.

Q DISTRIBUTION DES VAISSEAUX, dont le plus grand
    nombre des Troncs ſont des veines. Tous ces
    Troncs communiquent les uns avec les autres pour
    fournir ce nombre prodigieux de Capillaires.
R L'OREILLE, & ſes Vaiſſeaux.
S L'ARTERE TEMPORALE.

Pour ſuivre l'ordre qu'on s'eſt propoſé dans cette premiere diviſion, nous donnerons la ſuite des vaiſſeaux
qui parcourent les Muſcles de la Tête & ceux du Péricrâne, avant de paſſer à la Dure & Pie-Mere, & à
la Structure du Cerveau.

DESCRIPTION DES PARTIES DE LA TÊTE.

On ſe propoſe de donner dans les trois premieres

Tables de cette partie de l'Anatomie, la Deſcription
des parties les plus eſſentielles de la Tête ; mais celles
qui concernent proprement les Remarques Microſco-
piques ſeront détaillées dans les *Obſervations ſur l'Hiſtoire
Naturelle*, avec des Planches colorées, que je viens d'indiquer,
dont je donnerai une Brochure preſque tous les mois,
après mon Cours Anatomique, & auxquelles on aura
recours , ſi on le juge à propos. (*J'ai déja donné*, cette
année 1752, *deux Volumes de ces Obſervations.*)

LES TEGUMENS.

Les anciens Anatomiſtes ont diviſé les Tégumens ou
la Peau, en cinq Parties ; l'Epiderme , la Peau, la Membrane adipeuſe, le Panicule charnu , & la Membrane commune.

L'EPIDERME eſt l'Epiphiſe de la Peau , ou la ſur-
peau ; elle eſt extrêmement mince & preſque tranſpa-
rente dans les Sujets délicats, & fort épaiſſe & dure dans
les vieux Sujets, & ſur tout dans ceux qui ont ſouffert
la fatigue & la miſére. L'Epiderme des Paumes des mains
& la Plante des pieds, eſt toujours plus dure que le reſte,
elle ſe détache avec peine de la Peau, ſi ce n'eſt par
maladies, & lorſqu'elle forme des Ampuoles. Quelques
Anatomiſtes la regardent comme une portion de la
Peau même, & une production de ſes fibres membra-
neuſes ; elle ſe régenere facilement par la même raiſon.

La PEAU eſt un tiſſu compoſé de Fibres membra-
neuſes , tendineuſes , nerveuſes & vaſculaires, dont l'en-
trelaſſement eſt très-difficile à développer. Le Lacis des
diverſes parties qui la compoſent , permet ſon extenſion
& ſa diſtribution , ſur les parties du corps qu'elle couvre.
La Peau du Dos eſt plus épaiſſe que celle des Parties
antérieures ; mais plus molle & plus facile à percer.
La face externe de la Peau ſe termine en petites
éminences qu'on appelle *Mamellons*, auſquels les ſi-
lets des Nerfs cutanés vont s'épanouir. Les endroits extérieurs les plus ſenſibles du nôtre Corps, ont ces Mamellons plus élevés & en plus grand nombre , & ſur
conſéquent plus ſerrés les uns contre les autres, c'eſt
ce que l'on voit à la Paume des mains & à la plante des
pieds. La Peau des Lévres eſt garnie de Mamellons très-
fins & fort hériſſés, ſemblables aux pointes qui forment le velouté dans les autres parties. La ſurface interne de la Peau eſt parſemée de petits grains, que l'on appelle les *Glandes cutanées*, ou *Glandes miliaires* ; à cauſe
de leur reſſemblance aux grains de Millet : ces Glandes ſont celles de la Sueur. Quelques-unes fourniſſent
une matiere onctueuſe & graſſe, plus ou moins épaiſſe,
comme dans les Aiſſelles, ſur la Tête & dans toutes les
parties chevelues du Corps. Celles du bout du Nez
ſont conſidérables, & en les preſſant on en tire des ma-
tières épaiſſes. Les Orifices extérieurs de ces Glandes
ſont ce qu'on appelle les *Pores* de la Peau. La Peau eſt
parſemée de pluſieurs Lacis vaſculaires qui lui donnent
la couleur , & ces Lacis ſont plus ou moins conſidérables ſelon les parties du Corps ; ceux des Joues ſont
en plus grand nombre : ce ſont ceux qui dans leur plé-
nitude parent le beau Sexe ; & dont la ſuppreſſion
du ſang qui les emplit, marque la maladie ou la ter-
reur, & au contraire le trop grande abondance déſi-
gne preſque toujours la honte, la colére , la pudeur ,
ou toute autre paſſion animée. On trouve , ſous les endroits où viennent les Poils & dans la Peau , des *Oignons*
ou *Bulbes*, qui ſont les racines des Poils , d'où ils ſor-
tent, & où ils prennent leur accroiſſement. Ces Oignons
ſe régenerent après leur ſuppreſſion.

Nous ne parlerons pas ici de la Membrane adipeuſe,
du Panicule charnu & de la Membrane commune. Ce
ne ſera que dans une autre diviſion de ce Cours Anatomique ; d'autant mieux que M. Winſlow rejette ces
deux dernieres parties, & prétend qu'elles ne ſont pas
portion de la Peau. La Graiſſe ſenſible même n'avoir
rien de commun avec ce qu'on appelle la Peau, ſi ce
n'eſt qu'elle y eſt adhérente, & qu'on la détache plus
facilement de la Membrane commune des Muſcles, que
des Tégumens.

CAPITIS ANATOME,

IN QUÂ VARIÆ CEREBRI SECTIONES,
Angeologia, omniumque, oblongatæ Medullæ Nervorum Principia
demonstrantur.

TABULÆ PRIMÆ EXPLICATIO.

CAPUT, (quod Ventrem superiorem vocant Anatomici,) est Animæ Sedes, in quâ varias Sensuum impressiones recipit, & è quâ, velut è speculâ, in totam Corporis compaginem dominatur, animalium spirituum ministerio, quos in Cerebro præparatos, singulis partibus ope Nervorum ipsa distribuit. Miranda sanè tot Organorum Structura, Conditoris innotescit sapientia.

Caput Hominis miraculorum Epitome, singulare & verè unicum opus Naturæ, quod à Bellurum Capitibus differत in multis, formâ scilicet, organorum amplitudine, iisque dispositione. Spatiosius, v. g. Cordovum est Homini quàm Leoni, vel Equo, quin & Elephanti; ita quidem Animalibus capu vastius, dentes & maxillæ validiores; at verò Homini Cerebrum & amplius & emolentius. Humani Cerebri differentias à Bellurum, perspicuas faciet Historiæ Naturalis adnotationes, quibus adnectentur Tabulæ coloratæ.

Animæ sedem locavit Cartesius in Glandula Pineali, quæ sita est in posteriori parte Thalami Opticæ, quæque proeessus Nates & Testes, seu Tuberculo quadrigeminis exsuperat; cum enim nullum spatium admitteret Cartesius inter Corporum particulas, ipsi necesse fuit animam in ipsâ materiâ collocare, & consequenter substantiarum penetrationem admittere: Quod quidem systema, cum à Ratione sit prorsus alienum, innumeros peperit errores, ipsiusque Materialistarum. In Anatomiâ viscerum aliquando videbitur quid de animæ proprio domicilio versisimile sentiamus, quâ ratione in sensu nostra ipsa possit agere.

DIVISIO CAPITIS.

Duas in partes dividitur Caput, Cranium scilicet & Faciem: Partes habet Continentes & Contentas; Continentes autem rursùs dividuntur in Communes & Proprias.

Partes Continentes Communes, sunt Cutis, Adeps & Musculi.

Partes continentes propriæ sunt Pericranium, Cranium, Dura-Mater & Pia-Mater.

Partes contentæ, sunt Cerebrum, Cerebellum, Medulla oblongata, Nervorum conjugationes decem, Nervi intercostalis origo, Arteriæ Carotides internæ duæ, Arteriæ Vertebrales duæ, quæ congruentes Basilarem Stipitem efformant.

Facies quæ Capitis est secunda pars, in Maxillam Superiorem & Inferiorem dividitur.

Maxilla superior, ob inferiori parte Ossis coronalis seu Suturæ Transversalis, extenditur ad extremitatem usque superiorum Dentium, ubi nempè sinuit initium inferior Maxillæ, quæ in adultis est individua.

Caput Humanum à Fronte & conspicitur, non inconcinnè, à verticâ ad Mentum, formam exhibet Ellipsis.

Quadrisariam Caput partiuntur Pictores, qua Capillatæ parti quod Sincipui obtegitur, frontis usque ad Oculorum angulos altitudinem; seu quartam partem tribuunt. Residuam quoque partem à Naso scilicet ad Mentum, in tres iterum dividunt, quarum primam divisionem occupat Labiorum Commissura.

Suprema Capitis pars, Crinita nuncupatur ab Anatomicis, & in tres quasque sectiones subdividitur, quæ sunt Sincipui, Vertex seu Bregma & Occiput.

Sinciput. ut diximus, pars est Capitis fastigium supra Frontem.

Vertex, seu Bregma, supremum est Capitis fastigium, & Occiput est Capitis posterior.

Si autem ex obliquo Caput inspiciatur, varia prorsus erit ratiosus sectura; Facies enim diversæ paulisper, & seri quasiam, Vertex Occiformis, & Occiput verò secundum. Paulo longius aliquantulis oblongatum in laterali parte Caput exhibet inferior Maxillam, quæ situ medium tenet Auris, ut videtur est Figurâ 2ª.

Laterales Capitis partes suprà & antè Aurem, Temporà vocitantur.

A tergo videtur Fig. 2ª. Formè rotunda est pars illa Capitis , & ex Osse validissimo compacta.

Non ejusdem sunt densitatis Ossa Cranii, sed illis in partibus validiora, quæ collisionibus magis sunt obnoxia; ipsiq; simul conglobata, partes Capitis internas velut in arculâ conservant & protegunt.

Octo numerantur, quæ Suturis copulantur. Ossa Propria sunt Occipitale & duo Parietalia: Ossa Communia sunt Coronale, Temporalia duæ, Ethmoidis & Sphenoides, quæ describuntur in Osteologiâ.

TABULÆ Iª EXPLANATIO.

FIGURA PRIMA.

SI post injectionem inspiciatur attente Cutis superficies, ad recentis Erysipelatis instar colorata videbitur. Si autem fuerit desiccata, vix ob variam Vasculorum distributionem quicquam apparebit. Interdum tamen aliquas ramificationes opprimè distinctas reperi.

A CALVARIA.
B SINCIPUT, seu pars anterior.
C VERTEX, seu summa.
D OCCIPUT, seu pars posterior.
E TEMPORA.
F FACIES, aut Maxilla superior.
G MAXILLA INFERIOR.
H COLLI BASIS.
I RUTI SECTIO.
K AURIS, cum Vasis cutaneis.
L
M ARTERIA TEMPORALIS, quæ antè Auriculam in Cutis superficie conspicitur.
N ARTERIA post Aurem sita, quæ confert potest ramus Occipitalis Arteriæ.
O TRUNCORUM DISTRIBUTIO quorum frequentes rami non Arteriaſi tantùm, sed partim venosi sunt reputandi.
   In injectionibus quippe non Vasa Lymphatica solùm, sed & Venæ simul, implete liquore turgescunt. Glandulæ quoque Miliarium Texturam animadverti sic Vasculis esse refertam, ut per Canales excretorios trans Cutem injectus liquor erumpat. Ex eo quoque cum qui supra Cutem in injectione conspiciatur, crebrere licere ipsi per Cutis poros cutem præberi, quod tamen sine manu antè perspici non potest, quàm Cuticula macerando
P CUTIS COLLI Vasa à Vasculis inferioris partis faciei Occipitalis & Pectoris magna ex parte sumunt exordium.

FIGURA SECUNDA.

Caput & Collum à posteriori parte conspecta referit.

Q DISTRIBUTIO VASORUM quorum Trunci quamplurimi sunt Venæ. Hi autem in nâ sunt inter se permixati, ut inde stupendus Capillatium numerus exurgat.
R AURICULA cum suis Vasculis.
S ARTERIA TEMPORALIS.
   Ut præpositus in hac divisione servetur ordo, primùm explicabuntur reliqua Musculorum Capitis & Pericranii Vasa, ab inde ad Duram Piamque Matres, tandemque ad Cavebri Structuram devenietur.

CAPITIS PER PARTES DESCRIPTIO.

Præcipuas Capitis partes in istius hisce primis Anatomiæ Tabulis describemus; quæ autem partes non nisi Microscopiorum ope perspicuuntur , in Observationibus Naturalis Historiæ, colorates Tabulis, ut jam indicavimus, fusius & singulatim explanabuntur: quarum quidem Observationum singula Volumina, singulis fere mensibus, post emensum Anatomiæ Curriculum, in lucem edi curabimus, ad quas, si lubet, recurri poterit. Anno currente 1752, duo jam prodierunt ejusmodi Volumina.

DE TEGUMENTIS;

TEGUMENTA in partes quinque partiti sunt Veteres Anatomici ; Epidermam scilicet, Cutem, Membranam adiposam, Panniculum carnosum & Membranam communem.

EPIDERMA est veluti Cutis Epyphisis, seu summa Cutis tenuis admodùm & ferè pellucida in teneris delicatisq; Corporibus; in senibus autem densa maximâ & dura, si præsertim laboribus & in edid desudarim. Palmarum atque Plantarum Epidermata cæteris longè sunt duriora, nec è Cute, nisi præsustata aut morboвум vi, facilè destrahuntur. A quibusdam Epidermis Cutis ipsiusmet existimant portio, Fibrarumque membranosarum continuatio, ideoque facilè renascitur.

CUTEM efformat in extricabilis penè Fibrarum Membranosarum, Tendinosarum, Nervosarum & Vascularium textura, quo quidem Mechanismo suprâ varias Corporis partes distenditur aut contrahitur. Densiorem reperies densiqum partium anteriorum Cutem, sed molliorem & personatu faciliorem.

Prominentulæ quibusdam Papillis seu Mammillis terminatur externa Cutis facies, in quibus concurrunt & diffunduntur Nervi cutanei.

Quæ Corporis partes sensu sunt delicatiori, hæ papillas habent elatiores, quàm & frequentiores; ideoque compellaris, ut in Palmis Manuum, Pedisque Plantâ seritur. Labiorum Cutis papillas perquàm exiles habet, & Lanuginis in modum Hispidas.

Interna Cutis facies pluribus est referta granulis quæ Glandulæ dicuntur Cutaneæ, seu Miliares, propter insparum cum Miliis granis affinitatem. Eæ bis Glandulæ sudor oriuntur, & ex quibusdam illarum, materia quædam Oleosa, plùs minusve Crassa; ut in Axillis, Calvariâ, cæterisque pilosis partibus.

Perspicuæ sunt in acumine Nasi Glandulæ, quas si manu compresseris, Musculosum statim & Crassum liquorem emulgeas. Exteriora Glandularum istarum ossta Pori nuncupantur.

Colorem eminutior Cutis à multiplici Vasculorum conspicuâ innexurarâ, plùs aut minus secundum Corporis partes, notabili. In genis maxime sunt frequentia; hinc , in desiderabili gaudeam plenitudine, sexus decor & venustas; hinc desicerere quo replicantur sanguine, morbi , metus aut terroris indicia; sicut & sanguinis exbravandi, ferè semper vereundia , pudor , iracundia , aliave quæslibet animi commotio designatur.

Sub Pilorum radicibus in Cute reperimus Bullæ à quibus ipsi exoriuntur & accrescunt Pili. Hæ quidem Bulbæ seu Capsulæ suppetiæ renascantur.

De Adiposa Membranâ & Corneo Panniculo, seu Membranâ communi non bic , sed in altera Cutis Anatomicæ divisione disseremus; eò quod quidem liberalius quod Vir Clar. D. Winslow duas hasce postremas partes tanquam Cutis partitones non admottas, Quin & Adeps ipse, nullum habere censet Cute videtur assimulatur, nisi quatenus ipsi adhæret, & facilius uno à communi Musculorum Membranâ, tum & Tegumentis avellitur,

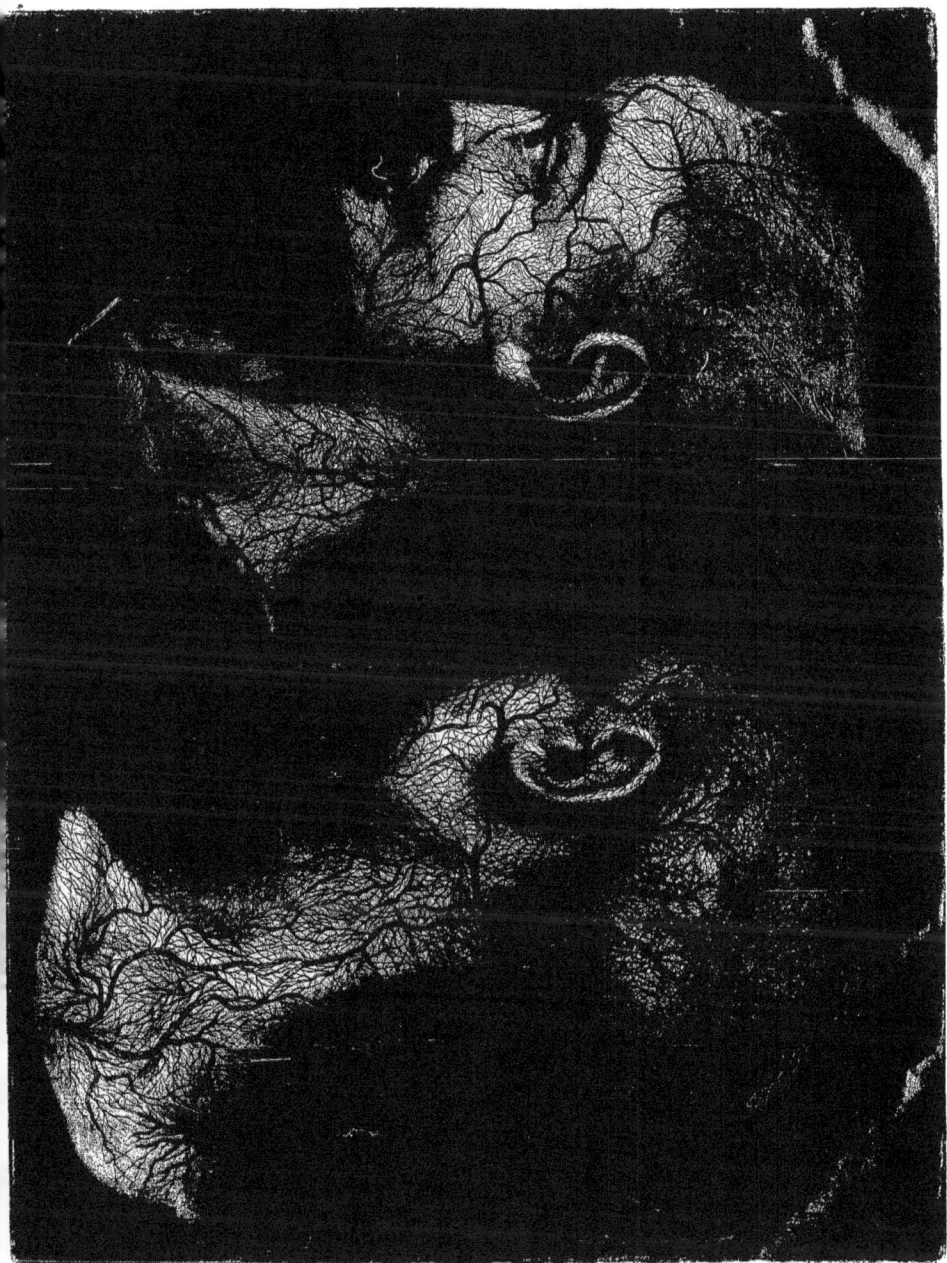

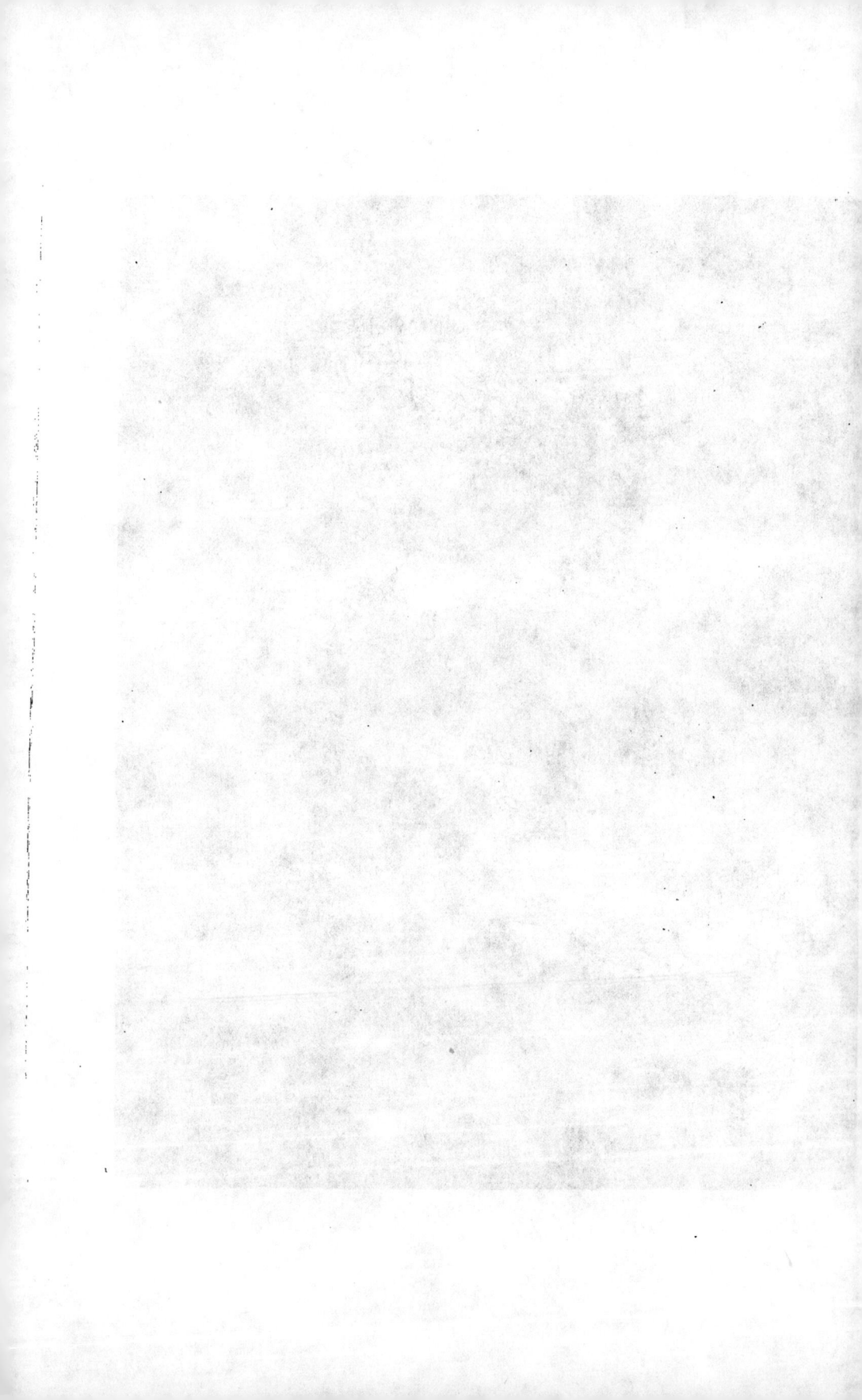

TABLE SECONDE.

EXPLICATION

DE LA SECONDE PLANCHE.

LA Tête reçoit le Sang par les deux *Artéres Carotides*, qui parvenues à la hauteur de l'*Os Hyoïde*, se subdivisent en internes & externes, & les deux *Vertébrales*; & après en avoir séparé les Esprits Animaux par le secours du Cerveau, & en avoir pris la nourriture qui lui convient, le résidu de ce sang est repris par un nombre infini de Capillaires, & rapporté par des Branches qui composent les Troncs que nous nommons Veines *Jugulaires, Internes, Externes,* & *Vertébrales*, & de-là il descend dans les Vaisseaux qui le rapportent au Cœur.

On démontrera dans l'Anatomie du Thorax quels sont les Vaisseaux qui fournissent le Sang aux Arteres de la Tête & ceux qui le reçoivent des Veines *Jugulaires & Vertébrales*.

FIGURE I.

Elle représente la Tête vue presque de tiers de face garnie de ses Muscles & de ses Vaisseaux. L'Oreille est coupée pour appercevoir les divisions de la Carotide.

DISTRIBUTION DES ARTERES.

A L'ARTÉRE *Vertébrale externe* divisée en *antérieure* a. & *postérieure* b.

B LE TRONC de la *Carotide*; il monte le long de la partie antérieure des Vertébres inférieures du Col jusqu'à la hauteur du *Larinx*, où elle se divise, comme nous avons dit, en interne & en externe, la premiere division se distribue au Cerveau, & l'autre aux parties extérieures de la Tête.

C LE COUDE que forme la *Carotide interne* à quelques lignes de sa naissance, & le commencement de la *Carotide externe*.

D LA PREMIERE BRANCHE de la Carotide externe, nommée *Thyroïdienne*, se réfléchit de haut en bas pour se distribuer aux Muscles de l'Os Hyoïde au Larinx, & principalement à la Glande Thyroïde.

E LA DEUXIÉME BRANCHE se voit dans la Figure suivante à la Lettre *b*.

F LA TROISIÉME BRANCHE après avoir donné des Rameaux aux Muscles de l'*Os Hyoïde*, à ceux de la Langue, passe le long de la partie Latérale de sa substance, dans laquelle elle s'engage en jettant des Rameaux collatéraux. L'extrémité de cette Artére se termine au bout de la Langue où elle s'anastomose avec celle du côté opposé: on la nomme *ranule* ou *linguale*. *Voyez-la dans toute son étendue, Figure suivante*, Lettre c.

G LA QUATRIÉME BRANCHE de la Carotide externe, dite *Maxillaire*, fournit une Branche c. au Muscle *Masseter* vers son passage sur la Machoire inférieure, dans l'espace qui est entre ce Muscle & le Buccinateur, où elle se perd; ensuite elle se divise en Maxillaire inférieure & supérieure par deux Branches.

H LA MAXILLAIRE INFERIEURE fournit des Rameaux à la *Glande Maxillaire inférieure*, au *Milohyoïdien* d. au second Ventre du *Digastrique* e.

I LA MAXILLAIRE SUPÉRIEURE en montant fournit des Rameaux aux Muscles qui couvrent le *Menton* f. Ces Branches, ou Rameaux, prennent le nom des endroits où elles se distribuent. La Maxillaire supérieure proche la *commissure des Lévres* g. fournit une Branche qui pour l'ordinaire se divise en deux pour parcourir en zig-zag la moitié du plan supérieur & inférieur de l'Orbiculaire des Lévres; & quelquefois, comme on voit dans cette Figure, les Rameaux qui parcourent l'Orbiculaire partent séparément du Tronc même de la Maxillaire supérieure & s'anastomosent avec celles du côté opposé. La Maxillaire après avoir fourni ces Branches, continue sa route & fournit ensuite une Branche nommée *Nasale* h, proche le Mirtiforme, pour se perdre sur ce Muscle aux côtés du Nez. Elle monte après à la partie supérieure du Nez proche le grand Angle, où elle prend le nom d'Angulaire.

L. L'ANGULAIRE fournit un Rameau qui entre dans l'Orbite par dessus le *sac Lacrimal*, où il s'anastomose avec une des Branches de la Carotide interne qui entre par le trou Optique. *Voyez la Figure suivante.*

M LA PREPARATE est le nom que prend l'Angulaire dans la Branche qui continue sa route sur la partie moyenne de l'Os frontal, & dans cet endroit elle se subdivise en *interne* i. & en *externe* l. pour s'anastomoser avec la pareille du côté opposé par sa division interne, & avec une ramification de l'Artére *Temporale* par sa division externe.

N LA CINQUIÉME BRANCHE de la Carotide externe, est l'Artere *Occipitale*; *Voyez la Figure suivante à la Lettre* i.

LA SIXIÉME BRANCHE est représentée dans la Figure suivante à la Lettre *l*.

O L'ARTÉRE TEMPORALE est la *septiéme Branche*; sa naissance est cachée par la Jugulaire; dans cette Figure la division de cette Artére est sous le conduit de l'Oreille, division qui ne se fait d'ordinaire qu'au-dessus, comme l'on verra dans la 2e Figure.

La Branche antérieure donne un *Rameau* m. au Masseter, dans lequel on voit plusieurs communications avec celui de la Maxillaire. Le reste de ce Rameau se distribue sur l'Aponévrose du Crotaphite, & parties voisines par plusieurs Capillaires. La Branche continue sa route sur l'Aponévrose du Crotaphite, & le long de la partie moyenne de la Tête, faisant quelques contours; elle donne des Rameaux à droit & à gauche pour se distribuer sur toute l'étendue de la Tête; ensuite elle communique avec la Branche externe de la Préparate.

La Branche postérieure, ou externe, parcourt une partie du derriére de la Tête, & produit des Branches qui viennent s'anastomoser avec la Branche de celle du côté opposé: sa principale Branche s'anastomose avec la Branche antérieure ou externe de l'*Occipitale*. Elle fournit des Rameaux aux Tégumens, que nous avons vis dans les Figures des Planches précédentes, tout de même que la Branche antérieure.

DISTRIBUTION DES VEINES.

P TRONC DE LA JUGULAIRE EXTERNE. Elle est couchée le long de la partie latérale du Col sous le Muscle Peaucier; il paroit de distance en distance des petites *Bossettes* qui marquent l'endroit que les *valvules* occupent dans l'intérieur de son Canal.

Ce Tronc monte jusqu'à l'Angle de la Mâchoire inférieure. Dans ce trajet il reçoit un *Rameau* n. vers sa partie inférieure, duquel il est tronqué, qui rapporte le sang du derriere de la Tête, & qui communique au-dessous du Muscle Mastoïdien. On ne peut voir ici les Veines que la Jugulaire externe reçoit proche l'Angle, y étant étroitement collée. Au-dessus elle reçoit du Masseter une *Branche* o. & de plusieurs parties voisines; & au devant de l'Oreille elle prend le nom de Veine *Temporale* p. qui est pour l'ordinaire double. Les Troncs qu'elle forme en cet endroit, reçoivent une distribution considérable de Branches & de Rameaux qui viennent de toute l'étendue de la Tête; la Branche qui vient de la partie postérieure est nommée *Occipitale* q.

Q LA VEINE PREPARATE est celle qui vient par une ou deux Branches du Front. Le Tronc de cette Veine descend au-devant du grand Angle de l'Œil, où elle prend le nom d'Angulaire r. Elle communique dans cet endroit par un Rameau qui entre dans l'Orbite avec celle de l'Œil, ce qu'on ne peut voir ici; & au-dessus & dessous du grand Angle, elle communique aussi par deux *Branches* s. avec la Jugulaire, dite Temporale: ces Branches passent sur toute la circonférence du Muscle Orbiculaire, & en reçoivent les Rameaux & des parties voisines.

La Veine Angulaire continuant sa route passe sous le Muscle incisif où elle reçoit les *Veines du Nez* t. des *Muscles de la Face*, v. tant de le Machoire supérieure que de l'inférieure; & à l'endroit qu'elle parcourt la partie inférieure de la Machoire, elle est nommée *Maxillaire externe* x. où elle reçoit le sang des parties qui sont au-dessous, & vient s'ouvrir dans la Jugulaire interne.

R LE TRONC DE LA JUGULAIRE INTERNE. Il reçoit les Veines de la partie antérieure du Col. On voit dans ce Tronc les endroits qui désignent ses *valvules*. Il reçoit aussi nombre de Veines que l'on peut voir ici. La *Maxillaire interne* z. vient s'y dégorger. Ce Tronc s'engage sous la Machoire inférieure & s'ouvre dans la *fosse Jugulaire*, pour recevoir le sang d'un des *Sinus latéraux*. Le Tendon mitoyen du Coslohyoïdien, est posé sur le milieu du Tronc de cette Veine.

S BRANCHE DE VEINE qui vient par plusieurs Rameaux de toute la surface de la *Glande Tiroïde*; elle s'ouvre souvent dans la Jugulaire interne, & pour l'ordinaire dans la *sou-Claviére*.

Ce sont les principaux Vaisseaux que l'on a donnés dans cette Figure, qui fournissent le nombre prodigieux de ceux que l'on a vis dans la premiere Table, comme les *Temporaux*, qui ont fourni les Branches *Temporales*, & ainsi des autres.

LE NOM DES MUSCLES,
& des autres parties de la Face.

Les Muscles & les autres parties sont marqués par des chiffres pour éviter la confusion.

1. LE PERICRANE & les Aponévroses de plusieurs Muscles de la Tête.
2. LES MUSCLES FRONTAUX.
3. L'OCCIPITAL.
4. L'APONÉVROSE du Crotaphite.
5. LES ORBICULAIRES.
6. LE PYRAMIDAL.
7. LE MIRTIFORME.
8. L'INCISIF.
9. LE CANIN.
10. LE ZIGOMATIQUE.
11. LE BUCCINATEUR.
12. LE TRIANGULAIRE.
13. LE QUARRÉ.
14. LE MASSETER.
15. L'ANGLE de la Mâchoire inférieure.
16. L'APOPHISE ZIGOMATIQUE.
17. LE CONDUIT Cartilagineux de l'Oreille.
18. L'APOPHISE STILOÏDE.
19. COUPE du Muscle Sternomastoïdien.
20. PORTION des Muscles extenseurs du Col.
21. LE DIGASTRIQUE.
22. LE STILOHYOÏDIEN.
23. LE COSTOHYOÏDIEN.
24. LA TRACHÉE ARTÉRE.
25. LA GLANDE THIROÏDE.

FIGURE II.

Elle représente une Tête de profil un peu panchée en derriére, qui démontre la distribution des Vaisseaux du Péricrâne, à peu près semblables à ceux de la peau. On y découvre ce qui restoit à désirer dans la Figure précédente par rapport aux Artéres.

SUITE DE LA DISTRIBUTION DES ARTERES.

a DIVISION DE LA CAROTIDE en *externe* & en *interne*.

b L'INTERNE ou postérieure, ses contours & son entrée dans la Tête pour se distribuer au Cerveau.

c L'EXTERNE ou antérieure. La *premiere Branche a.* nommée *Thyroïdienne*. La *seconde b.* qui accompagne la Carotide interne pour entrer dans le Crane. Cette Branche est très-petite; elle part entre la division des deux Carotides vers la partie supérieure du Col. Elle donne des Rameaux aux fléchisseurs de la Tête & du Col à la base du Crâne. Elle se joint à la Jugulaire interne pour entrer dans la fosse de la Jugulaire interne, & pour se distribuer dans les Sinus latéraux & aux parties voisines; ce que l'on démontrera ci-après. La *troisiéme Branche c.* Voyez la description à la Figure ci-devant. La *quatriéme Branche d.* dite Maxillaire, sa division en deux Branches la supérieure *f.* & l'inférieure *g.* La supérieure est coupée au milieu de *la Joue*; elle est reprise à l'endroit *h.* où elle prend le nom d'*Angulaire*. On voit ici le Rameau qui entre dans l'Orbite par dessus le *sac larrimal j.* La *cinquiéme Branche i.* dite *Occipitale* passant derriére l'Apophyse Mastoïde, ayant fait quelque trajet, donne un ou deux Rameaux, qui s'anastomosent au troisiéme contour de la Vertébrale interne, & se divise en deux principaux Rameaux. La *sixiéme Branche l.* de la Carotide externe est l'*Artere de la Dure Mere* qui passe sous l'Apophyse Stiloïde pour entrer par le cinquiéme trou du Sphénoïde, nommé *trou rond*, pour se distribuer à la Dure-Mere.

Dans cette Figure la *Temporale*, qui est *la septiéme Branche m.* se subdivise au-dessus du *conduit de l'Oreille* par les Branches qui vont s'anastomoser avec les Artéres Préparates & Occipitales, comme nous avons dit; ici l'on voit la naissance de cette Artére qui fournit trois divisions par la base. La *premiere n.* entre dans le conduit interne de la Machoire inférieure qui est entre l'*Apophyse Condiloïde & Coronoïde*; ayant parcouru ce conduit, elle sort par le trou mentonier, & se perd dans le Muscle quarré. La *deuxiéme o.* donne des Branches à la partie postérieure du Palais aux fosses Nazalles & dans l'Orbite, par la *fente Orbitaire* inférieure & la face interne du Muscle Crotaphite. La *troisiéme Branche p.* passe derriére l'Oreille pour se distribuer derriere son conduit.

d L'ARTÉRE, qui sort par le *trou de l'Orbitaire externe*, vient de la deuxiéme Branche qui part de la base de l'Artere Temporale que nous venons de voir, & se distribue à la Machoire supérieure. Après avoir fourni tous ses Rameaux, elle vient s'anastomoser avec l'Angulaire.

e L'ARTÉRE qui sort avec le *Nerf Optique*, qui est une Branche de la *Carotide interne*, se partage en plusieurs Rameaux qui se distribuent en plusieurs endroits. Le *premier Rameau* t. sort par le trou sourcillier pour se distribuer aux Muscles Sourcilliers Frontaux & Orbiculaires. Le *second Rameau* t. qui entre par les trous Orbitaires internes, s'anastomose avec une Branche de l'Angulaire, comme nous avons dit, traverse l'*Ethmoïde*, & entre dans le Crane pour se distribuer à la Dure-Mere au Nerf *Olfactif*, & ressort du Crane par un des trous de l'Ethmoïde, pour se perdre dans la Membrane pituitaire.

f L'ARTÉRE CERVICALE ou *Vertébrale interne*, & les *trois contours* qu'elle fait dans les premieres Vertébres, son entrée dans le Crane & *plusieurs Rameaux r.* qu'elle distribue dans le corps des Vertébres.

TABULA SECUNDA,

TABELLÆ II.
EXPLICATIO.

SAnguinem Capiti mittunt Arteriæ vertebrales. Carotidesque duæ, quæ juxtà Os Hyoïdem in externas & internas dividuntur ; unde post secretos, ope Cerebri, spiritus animales, assumptumque sufficiens nutrimentum, sanguinis residuum ab innumeris reassumitur Capillaribus, atque per Ramos dilatum quibus constant stipites Jugulares internæ & externæ. Vertebralesque vocati, inde in vasa illum ad Cor vehentium immergitur, è quibus per Jugularium & Vertebralium Venarum Ramos, ad Cor varia per vasa revehitur. In Thorace Anatomia videbitur quæ vasa sanguinem Capitis Arteriis sulminissent, quæve illam è venis Jugularibus & Vertebralibus excipiant.

FIGURA I.

Ipsanitam serè Faciem exhibet, cum suis Musculis & Vasis. Auris abscissa Carotidum divisionis facilem præbet aspectum.

ARTERIARUM DISTRIBUTIO.

A ARTERIA Vertebralis externa, in anteriorem (a) & posteriorem (b) divisa.

B CAROTIDIS TRUNCUS juxtà anteriorem inferiorum Colli Vertebrarum partem, ad Laryngem usque conscendit ; ibique ut dictum est , in internam dividitur & externam ; illa quidem in Cerebro ; hæc ad interiores Capitis partes distribuitur.

C CAROTIDIS INTERNA serè nascentis inflexio, non longè ab ejus ortu, internosque Carotidis origo.

D PRIMUS , seu Thyroïdeus Carotidis externæ Ramus , a summo deorsum restexus , ut Ossi Hyoïdei Musculis Laryngi , Thyroïdæque præsertim Glandulæ inseratur.

E SECUNDUS Ramus Figurâ sequenti cernitur , in (b).

F TERTIUS Ramus subministratis Ossis Hyoïdei Musculis & Linguæ, Surculis, secùs lateralem ejusdem partem ducitur , in quam diffusis collateralibus Ramulis immergitur. Ad quorum Linguæ desinit hæc Arteria , ubique apposti lateris Arteriæ connectitur. Ranula dicitur hic sanguinis , quam facilè videas Fig. sequenti in (c).

G QUARTUS externæ Carotidis Ramus , Maxillaris dictus, cum Massetere Musculo, per Surculum (c) cohæret , juxtà aditus super Maxillam inferiorem transisium, ubi scilicet inter Massiterem & Buccinatorem evanescit ; duabus postea Ramiculis in inferiorem dividitur & superiorem.

H MAXILLARIS inferior Surculos inferiori Glandulæ Maxillari , Milohyoïdeo , (d) secundoque Digastrici Ventriculo (e) distribuit.

I MAXILLARIS superior Musculis qui Mentum aperiunt Ramos , (f) ascendendo ministrat ; quiquidem Rami ab iis in quas dispertiuntur regionibus denominationem sumunt. MAXILLARIS superior , Ramum juxtà omnisusiirum Labiorum , (g) emittit , qui ad plurimum bipartitè quotcunque in dimidium plani superioris & inferioris Labiorum Orbiculi , flexonâ cursu perlestsuret ; sæpè etiam ut in hâc Figurâ-gatet , qui percurrunt orbiculum Rami , ab ipso Maxillaris superioris Trunco, divulsim exeunt, & lateris opposti Ramis consociantur. Maxillaris Arteria , deinatis super Brachiis iter peragens , juxtà Mirisormem, Ramum Nasalem aniè formast , quâm juxtà Musculum bene propè Nasi latera demergatur. Ad superiorem deindè Nasi partem, circâ majorem Angulum ascendit , à quo dicitur Angularis.

L ANGULARIS Arteriæ Ramus in Orbitam supra lachri malem sinum ingreditur , ibique cum uno Carotidis internæ surculo , per Opticum foramen demisso , coadunatur. Vide Figuram sequentem.

M PERPERITA dicitur Angularis Arteria , in Ramo qui versus medium Ossis frontalis gemellum discurrens hic , in externam (l) subdividitur & internam (i) ; quorum hæc cum ramulis ab oppositâ latere , internâ cujus sistemae, illâ verò cum propagine Temporalis Arteriæ consociatur.

N QUINTUS Carotidis externæ Ramus est Arteria Occipitalis. Vide Fig. seq. in (i).
SEXTUS Ramus sequenti Figurâ exhibetur in (l).

O SEPTIMUS Ramus est Arteriæ Temporalis , cujus artus à Jugulare adculatur. Hîc in Figurâ , Temporalis Arteriæ divisa cernitur infrà Auris Canalem , licet plerumque supra referatur , ut videbitur in secundâ Figurâ.
RAMUS anterior Masseteri præbet surculum , (m) in

qus plurimæ cum Maxillari conspiciuntur Anastomoses. Hujus Rami restduum variis Capillaribus in Crotaphiti Aponeurosin vicinasque partes disseminatur , in eadem Crotaphitis Aponeurosin secus median Capitis partem , iter vario circuitu peragit Ramus , & emissis dextrorsum sinistrorsumque in totum Capitis spatium surculis , per Anastomosin cum præparata copulatur.
RAMUS posterior aut externus lustratis Occipitis partibus , emissisque variis surculis quibus cum lateris apposti Ramo jungitur , in anteriorem Occipitalis Ramum ipse devolbitur. Is autem Ramus sicut & anterior , Tegumentis varios pariutur sruciers.

VENARUM DISTRIBUTIO.

P JUGULARIS externæ stipes juxtà lateralem Colli partem sub Musculo Pestione sertur , in quo leves exurgunt processus , interiorum Valvularumque indices. Ad Angulum inferioris Maxillæ pervigitur , quo casim spatio verùs inferiorem sui partem excipit Ramum (n) à quo detruncatur , qui ab Occipitio sanguinem refert remninfrà Mastoidæum inferitur. Cum autem externa Jugulari Angulo sit altissimè connexa , ideò non pungunt , sed Venæ directum ab eodem Angulo suscipi. Desinor à Mastitere vicinisque partibus Ramum (o) mutuatur , & in Auris antica parte Temporalis Venæ (P) nascuntur , quæ superis reperitur Gemira. Instuit Trunci non mediocriem ibi Ramorum & surculorum , à tot compagine capitis excipiunt manamentum , quorum Occipitalis (p) dicitur ille qui ab Occipitio oritatur.

R PRÆPARATA Vena dicitur ea quæ unico duplicive surculo prosfissculatus à fronte. Hujusce Venæ Truncus Angulum sudi majorem prætergreditur , unde venxur Angularis. (r) Illic , orbitam subentis Ramo , Oculi venas interseritur , & infrà supràque majorem Angulum , geminato surculo (s) Jugulari, quæ tunc dicitur Temporalis , admotur. Isti quidem Rami , tot circumferuntur Orbicularii Musculo , cujus vicinarumque partium surculos excipiunt. Exindè subitus Musculum insceserent iter pergens labitur Angularis , ubi Nosti venas (t) à Faciei Musculis (u) tum à superiori , tum ab inferiori Maxillâ recipit. Quid autem parte Maxillaris lamben inferiorem , Maxillaris externâ (x) vocatur , tunequi subjectarum partium sanguine roscet , desinit in Jugularem internam.

V VENÆ Ramus qui surculis pluribus à tota Glandula Thyroïdis superficie prodeuns in interna Jugulari sæpè , sæpius in subclavienitit reperatur.

Hæc tanti Vasa præcipua hâsce Figura incluse , quæ stupendum Tabulæ primæ surculorum numerum suppetiunt.

Arithmeticæ numeris , clariatis causâ , signantur Musculi , &c.

1. PERICRANIUM , variorumque Capitis Musculorum Aponeurosis.
2. FRONTALES Musculi.
3. C OCCIPITALES Musculus.
4. CROTAPHITIS Aponeurosis.
5. ORBICULARIS.
6. PYRAMIDALIS.
7. MIRTIFORMIS.
8. INCISOR.
9. CANINUS.
10. ZIGOMATICUS.
11. BUCCINATOR.
12. TETANGULARIS.
13. QUADRATUS.
14. MASSETER.
15. INFERIORIS MAXILLÆ Angulus.
16. APOPHYSIS Zigomatica.
17. CARTILAGINEUS AURIS Ductus.
18. APOPHYSIS Stiloidei.
19. STERNOMATOïDEUS Musculi sectio.
20. MUSCULORUM Colli externorum portio.
21. MUSCULUS DIGASTRICUS.
22. STYLOHYOïDEUS.
23. CORYONOïDEUS.
24. TRACHÆA ARTERIA.
25. GLANDULA THYROïDEA.

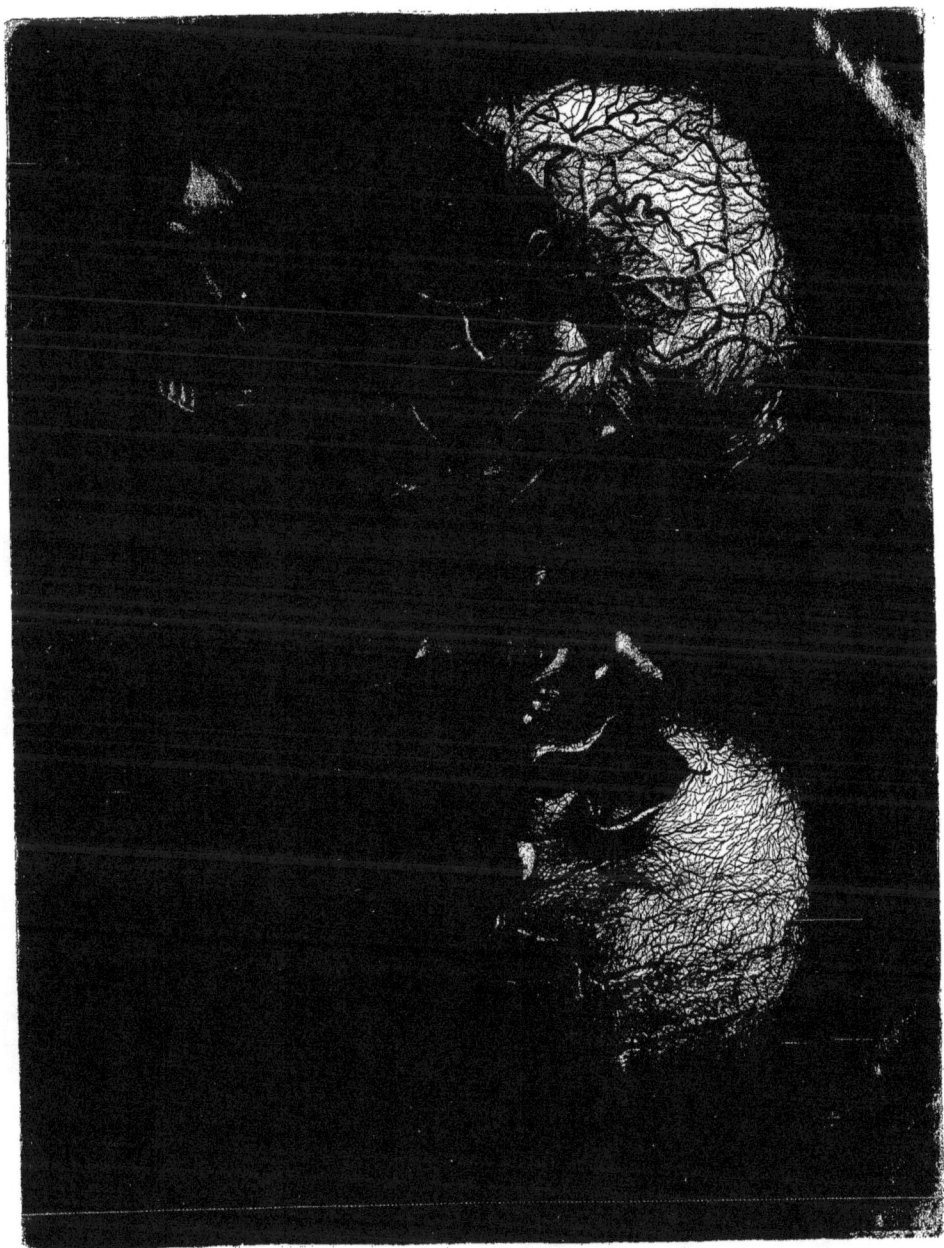

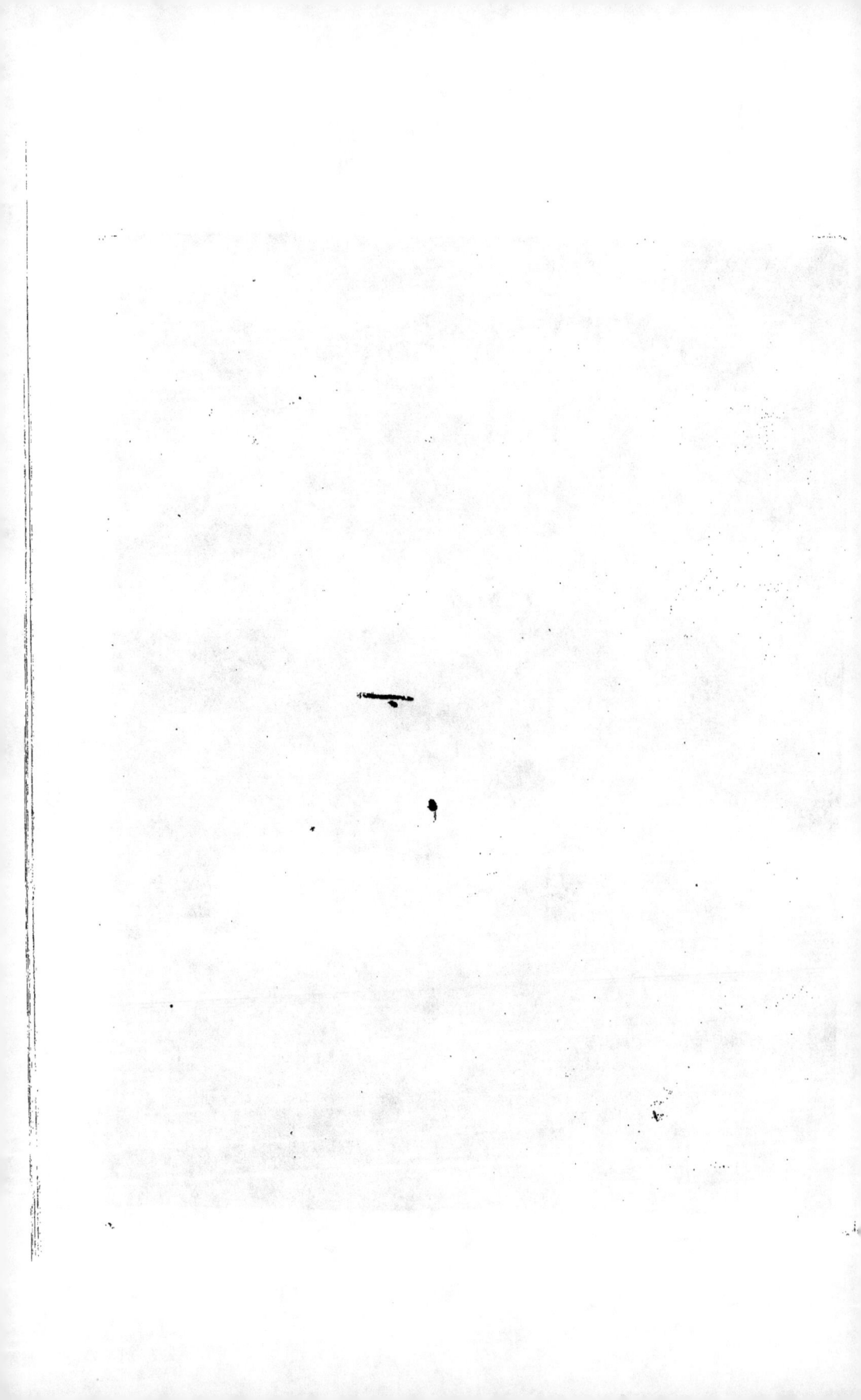

TROISIÉME TABLE.

EXPLICATION

DE LA TROISIÉME PLANCHE.

CETTE Planche contient quatre Figures; celle de l'Oreille qui est la quatriéme, appartient à la Planche précédente; les trois autres sont pour démontrer la Dure-Mere, & les Vaisseaux qui la parcourent.

LA DURE-MERE.

La Dure-Mere est une membrane fort épaisse composée d'un double Plan de fibres tendineuses. Les Anatomistes appellent ces Plans les *Lames* de la Dure-Mere; le *Plan interne* est uni & luisant, il sert d'enveloppe au Cerveau, par-dessus la Pie-Mere, au Cervelet, & à la Moëlle de l'Epine. Le *Plan externe* est inégal & sert de Périoste interne; il est moins uni que la lame interne, & très-adhérent à la base du Crâne; les parties de la Dure-Mere sont ses *replis*, ses *sinus* & les *prolongemens*.

La Lame interne produit les replis; ils sont au nombre de cinq. Le plus considérable est la *Faulx* ou cloison sagittale, qui s'unit avec le second repli, nommé la *Tente du Cervelet*, ou cloison transversale oblique. Dessous cette Tente est le troisiéme repli que l'on nomme la *petite Faulx*. Les quatriéme & cinquiéme replis sont les *Sphénoïdaux*; ils sont moins étendus que les précédens.

Les Sinus sont les *Longitudinaux*, supérieur & inférieur, les deux *Latéraux*, le *Torcular d'Herophile*, les *Occipitaux*, postérieur & inférieur, les *Petreux*, les *Transversaux*, supérieur & inférieur, les *Circulaires*, les *Orbitaux*, & les *Caverneux*.

Ces Sinus sont des Canaux formés par les duplicatures des Lames de la Dure-Mere. Ils servent de réservoir pour recevoir le résidu du sang qui vient des parties internes de la Tête. Tous ces Sinus communiquent les uns aux autres pour se dégorger dans les veines jugulaires internes & externes, dans les Sinus vertébraux, & dans les veines vertébrales. Nous les détaillerons dans les Planches suivantes.

Les prolongemens de la Dure-Mere sont des productions de sa propre membrane, qui accompagnent la moëlle de l'Epine, les nerfs, & d'autres vaisseaux qui sortent de la cavacité du Crâne. Nous les verrons aussi dans la suite.

La Dure-Mere sert de corps intermédiaire par ses replis entre le Cerveau & le Cervelet, quand la Tête est droite; & entre les deux hémisphéres du Cerveau, lorsqu'elle est couchée pour empêcher la compression. Elle sert aussi de corps intermédiaire contre le froissement du Cerveau, du Cervelet, & de la Moëlle allongée avec les Os qui enchassent ces parties tendres & délicates.

FIGURE PREMIERE.

Elle représente toute l'étendue de la Dure-Mere dans sa partie supérieure détachée de la calotte du Crâne, & les vaisseaux qui la parcourent.

A COUPE DU CRANE & des Tégumens.
B LA PARTIE SUPERIEURE de la Dure-Mere.
C ROUTE DU SINUS LONGITUDINAL.
D OUVERTURE postérieure du Sinus longitudinal, dans laquelle on voit plusieurs embouchures dont les unes appartiennent aux veines de la Dure-Mere, & les plus grandes aux veines du cerveau.
E BRANCHES DE L'ARTERE de la Dure-Mere subdivisées en plusieurs rameaux qui parcourent les deux côtés, dont quelques-uns s'anastomosent avec ceux du coté opposé. Ces vaisseaux donnent nombre de filets qui sont ici dechirés, lesquels s'engagent dans la table interne des os du Crâne.
F PETITES ARTERES qui entrent par les trous postérieurs des os pariétaux.
G ARTERE PARTICULIERE qui, sortant de la racine du Christagally, parcourt la partie antérieure du Sinus longitudinal supérieur. Elle communique à droide & à gauche avec les autres Artéres de la Dure-Mere.
H LA FACE vûe tout-à-fait en racourci.
I LES OREILLES.

FIGURE SECONDE.

Elle représente une Coupe de la Base du crâne recouverte de la Dure-Mere, & le trou Occipital à découvert.

K COUPE HORIZONTALE des os du crâne.
L COUPE VERTICALE de l'os Occipital, & des prémieres vertebre du col.
M LA DURE-MERE étendue sur toutes les parties de la base du Crâne, & sur la Face interne du corps des premiéres vertébres du Col.
N COUPE DE LA TENTE DU CERVELET le long des grands angles des Apophyses pierreuses, jusqu'aux Apophyses Clinoïdes postérieures.
O LES APOPHYSES PIERREUSES des Os Temporaux, dites *la Roche*.
P LES DEUX FOSSES antérieures de la base du Crâne formées par le dessus des Orbites, & la partie antérieure du Sphénoïde, pour loger les Lobes antérieurs du Cerveau.
Q LES DEUX FOSSES moyennes séparées par la Selle du Sphénoïde, pour loger le commencement des Lobes postérieurs du Cerveau.
R LES DEUX FOSSES postérieures pour loger le Cervelet.
S LA FACE criblée & interne de l'os Ethmoïde, par où passent les vaisseaux sanguins, & les Nerfs olfactifs de la premiére paire, & l'Apophyse qui partage cet Os, dite *Cristagaliy*.
T LES APOPHYSES CLINOÏDES antérieures de l'Os Sphénoïde.
V LES APOPHYSES CLINOÏDES postérieures. Au milieu de ces Apophyses est la Selle du Sphénoïde, ou Selle Turcique.
X LA GLANDE PITUITAIRE, au milieu de laquelle est l'extrêmité de l'Entonnoir qui pénétre cette Glande.
Y L'ENDROIT DES FENTES ORBITAIRES supérieures, irrégulières, ou Sphénoïdales.
Z LES EMINENCES OSSEUSES de l'Occipital, qui se joignent au Sphénoïde.
a L'ENTRE'E DE LA CAROTIDE interne à la sortie du conduit osseux, où l'on voit le second contour de cette Artère dans le Sinus Sphénoïdal, formé par la duplicature de la Dure-Mere; & le troisiéme contour de cette Artére fait sous l'Apophyse Clynoïde antérieure, où elle perce la Dure-Mere, pour se distribuer au Cerveau. Les contours de la Carotide sont ici à nud: la Dure-Mere est enlevée pour mieux les observer.
b *Branche* qui vient du commencement du contour de la Carotide interne: elle descend sur l'avance de l'Occipital, en faisant des zig-zags avec celle du côté opposé. Elle communique dans ces circonvolutions par un rameau avec la branche qui entre par le trou placé derriére l'Apophyse Mastoïde, qui vient de la Carotide externe.
c *Plusieurs petits Rameaux* qui sortent du contour de la Carotide pour se distribuer dans l'Entonnoir, & à la Glande Pituitaire.
d *Branche* que la Carotide interne fournit pour l'intérieur de l'Orbite. *Voyez la seconde Figure de la Planche précédente.*
e *Branches* qui sortent par les trous de l'Os Ethmoïde, & se distribuent à la Dure-Mere qui tapisse les Fosses antérieures. Elles viennent de celle que nous venons de décrire.
f *Branches* qui viennent de la même Artére, & sortent de chaque côté de la partie supérieure du Cristagally; elles se joignent ensemble pour se distribuer le long du Sinus longitudinal, & à la Faulx. *Voyez la lettre G. de la précédente & la lettre n. de la Figure suivante.*
g TRONC DES ARTE'RES VERTE'BRALES, & les courbures qu'elles forment pour entrer par le grand trou de l'Occipital, & transverser la Dure-Mere pour former l'Artére Basilaire que nous verrons ci-après. *Voyez la Figure seconde de la Planche précédente à la lettre D.*
h *Rameaux* que donne la vertébrale avant que d'entrer dans le crane; ils se distribuent & communiquent avec les Rameaux postérieurs de la branche que la Carotide interne fournit en descendant.
i *Rameaux* qui sortent des espaces que laissent les corps des vertébres; ils viennent aussi de l'Artére vertébrale; ils communiquent de même avec ceux de l'avance de l'Occipital, qui viennent de la Carotide interne.
l BRANCHE D'ARTE'RE qui transverse l'Occipital, par le trou qui est derriére l'Apophyse Mastoïde, & qui vient, comme nous l'avons observé, vers la division qui est entre les deux Carotides; elle se partage en trois ou quatre rameaux qui se distribuent à la Fosse postérieure, au Plancher, & à la Faulx.
m LA PRINCIPALE ARTE'RE de la Dure-Mere a son entrée par le trou du Sphénoïde, nommé le trou rond. Cette Artére est la sixiéme branche de la Carotide externe. Elle est subdivisée en trois branches. *Sa premiere division* n. est nommée *postérieure*; elle fournit nombre de rameaux pour la base du Crane, ensuite étant arrivée à la face interne de l'angle antérieur du pariétal, où souvent elle passe par un petit conduit qui ne se rencontre pas toujours. Elle se subdivise en deux autres *branches antérieures* o. & *moyenne* p. Elle forme alors les distributions que l'on a vües dans la premiére Figure de cette Planche, à la lettre E. & dont les impressions, que l'on nomme la feuille de Figuier, sont très-sensibles dans les Pariétaux de plusieurs Sujets.
q UN RAMEAU qui vient d'une branche de la Carotide externe par la fente irrégulière, & quelquefois d'une petite échancrure, qui s'efface dans les Adultes, & qui va sur la partie latérale de la Fosse antérieure pour se distribuer sur cette partie, & s'anastomoser avec ceux qu'elle y rencontre.
r LES TROUS OPTIQUES par où passe la seconde paire de Nerfs pour les organes de la vûe.
s LES TROUS par où passe la troisiéme paire des Nerfs, qui sont appellés moteurs des yeux. Ceux qui sont percés plus bas, sont ceux de la sixiéme paire; on les verra mieux dans les Planches suivantes.
t L'OUVERTURE faite par l'écartement des deux Lames de la Dure-Mere, pour l'entrée du Tronc de la cinquiéme paire.
v LE TROU DE L'OS SPHÉNOÏDE, dit grand Rond, ou Maxillaire supérieur; il donne passage à la seconde branche de la cinquiéme paire pour les parties de la Machoire supérieure.
u LE TROU OVALE, ou Maxillaire inférieur, donne passage à la troisiéme branche de la cinquiéme paire pour l'usage de la Machoire inférieure.
x LES TROUS par où passent les Nerfs de la Septiéme paire, nommés auditifs, pour l'organe de l'ouie; on voit une coupe d'une petite branche d'Artére qui suit ces nerfs.
y TROU par où passe la huitiéme paire, dite vague, à cause des différens endroits où elle se distribue, & qui sert aussi pour le passage du nerf intercostal, dit accessoire ou compagnon de la huitiéme paire.
z PETITS TROUS qui donnent passage aux deux Cordons de la neuviéme paire, dit Gustatifs, c'est-à-dire, pour l'usage du Goût.

Dans les Planches suivantes nous parlerons plus amplement des Nerfs & de leur passage au travers du Crâne pour leurs usages dans les organes des sens.

FIGURE III.

Elle représente une Tête dont la partie supérieure est coupée verticalement depuis le Coronal jusques à l'Occipital, & la partie inférieure horizontalement à travers les Os du Crâne.

Cette coupe fait voir la Faulx dans sa situation, & la moitié de la Tente du Cervelet en entier; elle est très-utile pour l'intelligence des replis de la Dure-Mere dont nous avons parlé.

a LA FAULX partage le Cerveau en deux parties, que l'on nomme les Hémisphéres. La naissance de la Faulx est au Cristagally où elle est attachée. Elle monte le long du milieu du Coronal, suit la route de la Suture Sagittale, & étant parvenue à l'Occipital, se divise en deux Lames que l'on nomme le Plancher. Elle est beaucoup plus large vers cet endroit, que vers son principe.
b LE PLANCHER, dit la Tente du Cervelet ou cloison transversale, est attaché aux bords des gouttières des Sinus latéraux, creusés dans l'Os Occipital, & aux grands angles des Apophyses pierreuses, jusqu'aux Apophyses Condiloïdes, il soutient le Cerveau & le sépare du Cervelet.
c L'OUVERTURE OVALE où est logé le Cervelet, & la Moëlle allongée.
d LA SELLE SPHE'NOÏDE & l'extrêmité de l'entonnoir dans la Glande pituitaire, recouvert de la Dure-Mere.
e LA SORTIE DE LA CAROTIDE interne, vis-à-vis le trou Optique & la petite Artère qui accompagne le nerf Optique.
f LE TROU par où entre le Tronc de la cinquiéme paire, qui se divise ensuite en trois branches.
g LE TROU AUDITIF qui est sur l'Apophyse pierreuse.
h LA PRINCIPALE Artère de la Dure-Mere, ses ramifications dans la Fosse moyenne du Sphénoïde, & sur la Tente.
i UNE PARTIE de la distribution de l'Artére qui entre par le trou qui est derriére l'Apophyse Mastoïde, pour se distribuer sur la Tente.
l LE TROU qui est derriére l'Apophyse, & l'entrée de son Artére.
m ARTE'RE qui vient de la vertébrale pour se distribuer à la Faulx. Les rameaux de la Faulx & ceux de la Tente communiquent ensemble.
n ARTE'RES qui sortent à côté du Cristagally pour se distribuer le long de la partie antérieure de la Faulx, elles viennent par les trous Orbitaires internes à travers de l'Os Ethmoïde, & sont la plûpart des rameaux de ceux que l'on a vûs dans les fosses antérieures de la base du Crâne.
o L'APOPHYSE ZIGOMATIQUE.
p L'APOPHISE MASTOÏDE.
q LA MACHOIRE supérieure.
r LA FOSSE ORBITAIRE.

FIGURE IV.

Cette Figure que nous avons dit appartenir à la Planche précédente, est pour représenter quelques Artéres qu'il restoit avoir dans celles que sont produites de la Carotide externe.

s COUPE DE LA CAROTIDE externe.
t TROISIE'ME RAMEAU de la septiéme branche de l'Artere Carotide qui passe derriere l'Oreille, & qui en passant lui fournit plusieurs petits Vaisseaux.
u PETIT RAMEAU qui entre dans les sinuosités de l'Apophyse Mastoïde.
x RAMEAU qui perce le Cartilage pour se distribuer dans la conque. *Voyez les Figures de la premiere Planche.*

TABULA TERTIA.

TABELLÆ III. EXPLICATIO.

FIGURAS quatuor habet hæc Tabula, quarum quæ ta quæ est Auris, ad præced. ut cum spectat Tabulam. Residuæ autem tribus Duræ-Meninx, ipsiusque Vasa demonstrantur.

DURA MENINX.

Dura-Meninx est Membrana densissima tendinosarum Fibrarum duplici plano compacta; quæ quidem plana ab Anatomicis, Duræ-Matris Laminæ nuncupantur. Planum internum lævatum & levi splendore nitens. Cerebro supra Duram-Matrem, Cerebello, Spinalique Medullæ Tegumentum præbet. Rugosum verò & asperum cernitur Planum externum, & Periostis habetur internæ. Internâ laminâ minùs est politum, Craniique Nasi artificiliè cohæret.

Duræ-Meninges seu Duræ-Matris partes, sunt ipsius Anfractus, Sinus & produstiones.

Quinos habet Anfractus interna Lamina quorum notabilior est Falx, seu Septum sagittale, quod secundæ coadunatio plicaturæ, quæ Cerebelli Tentorium, seu Obliquum transversæ Septum vocatur. Infrà Tentorium hoc, reperitur Anfractus tertius, seu Falx minor. Quartum & quintus sunt Sphenoidal, cæterisque longè contraliores.

Sinus illi Sinus sunt longitudinalis duo, Superior & Inferior; Laterales duos, Herophili Torcularis; Occipitales duo, posterior & inferior; Petrosi, Duo transversales, superior & inferior; Circulares; Orbitales & Cavernosi.

Sinus illi sunt Canales, Laminarum Duræ-Matris duplicationibus efformati, qui sanguinis ab interioribus Capitis partibus revehentis sunt receptacula. Sinus hi omnes inter se perosi, in Jugulares internas & externas, & in Sinus Venasque Vertebrales evoluuntur; quæ singula sequentibus Tabulis explanabuntur.

Duræ-Matris Adsitamenta suæmetipsius Membranæ sunt Falces, Medullæ Spinali, Nervis aliisque Vasculis è cavitate Cranii emergentibus, cohærentes. Quod etiam postheà elucidabitur.

Duræ-Matris, erectò Capite, suis Anfractibus Cerebrum interjectis & Cerebellum; reclinato autem Capite, compressioni utrinquè gratiâ, inter ambo Cerebri hemisphæria, flat media. Cerebrum quoque Cerebellum oblongamque Medullam, teneras admodum fragilesque partes, ab Ossium collisione tuentur.

FIGURA PRIMA.

Totam Duræ-Meningis extensionem, quo ad partem superiorem à Cranio detractam, ipsiusque Vascula cernenda præbet.

A Cranii, Tegumentorumque sestio.
B Duræ-Matris portio superior.
C Sinus Longitudinalis iter.
D Sinus Longitudinalis posterior apertura, in quà varia, tum ad Duræ-Matris, tum ad Cervici Venas padoutur Ostiola.
E Duræ-Matris Arteriæ Rami, qui plures in surculos divisi, ejus utramque partem discurrunt. Horum aliqui cum Rami oppositi Lateris inferuntur. Illi quidem Rami, variis propagatiolis hic dilaceratis, in internum Ossis Cranii Tabulam deseruntur.
F Arteriæ Minores posteriora Parietalium Ostium foramina subeuntes.
G Specialis Arteriæ quæ à Cristæ-Galli radice proflueti, anteriorem Longitudinalis Sinus superioris partem decurrit, & cætiori ab utroque parte, Duræ-Matris Arteriis innectitur.
H Contrastus admodum Faciei adspectus.
I Aures.

FIGURA SECUNDA.

Basis Cranii, Durâ-Meninge contestâ, sestionem, Propatuulumque Occipitale Foramen exhibet.

K Ostium Cranii horisontalis sestio.
L Ossis Occipitalis, primævamque Colli Vertebrarum sestio verticalis.
M Duræ-Meninx in omnes Basis Cranii partes, inter-

---

namque primum Colli Vertebrarum faciem diffusa.
N Tentorii Cerebelli sestio, juxtà majores Petrosarum Apophiseon Angulos, ad Clinoides usque posteriores.
O Ostium Temporalium Apophysis Petrosæ Rupes dista.
P Anteriores Basis Cranii Fossæ, ab orbitarum partione superna, Sphenoidis anteriore consesta, quibus anteriores Cervicis lobi recondiuntur.
Q Duræ Fossæ Mediæ, Sphenoidis solidi disjunstæ, posteriorum Cervicis Loborum initiù excipientes.
R Posteriores Fossæ duæ, Cerebelli diversæorium.
S Ossis Ethmoidis internæ & cribrata Facies, quam Vasa Sanguifera & Ossallaniæque conjugationi Nervi subferabantur. Necnon & Apophysis Cristagalli Ethmoidei dividens.
T Anteriores Ossis Sphenoidis Apophysis Clinoides.
V Apophysis Clinoides posticæ, quarum in medio reperitur Sella Sphenoidis, seu Turcica.
X Glandula Pituitaria, in cujus meditullio definit Infundibulum Glandulam subiens.
Y Orbitalium Ringularum Sinus, quæ etiam superiores aut irregulares seu Sphenoidales vocantur.
Z Occipitalis Ossium prominenciæ, Sphenoidis connexæ.
a Interna Carotidis exordium ab Osso dustu, in quo secundus in sinus Sphenoidali hujus Arteriæ circuitio à Duræ-Matris duplicaturâ sornatus inspicitur. Item & tortius sub Apophysi Clinoide anteriore, ubi perforatæ Duræ-Matre, distribuitur in Cerebro. Propatulæ sunt hìc Carotidis periphæriæ quæ sublatâ Durâ-Matre, facilè perspiciuntur.
b Ramus qui ab initio circuitûs Carotidis internæ provenions, in Occipitalis partem Fossam, conglomerato cum oppositi lateris Arteriâ, circumdabatur. His in peripheriis surculum præbet Ramo per posticum Apophisis Mastoidis Foramen ingredienti; qui quidem Ramus ab externâ Carotide proficiscitur.
c Ramus plures à circuitu Carotidis in Infundibulum, Glandulamque pituitariam protensi.
d Ramus ab internâ Carotide in interiorem Orbitam deflues. Vide secundam præcedentis Tabulæ Figuram.
e Rami qui ab Ossis Ethmoidis Foraminibus, in Duram-Matrem Fossas anteriores obducentem, derivantur. Eumdem cum præcedenti Ramo sortiuntur originem.
f Eiusdem Arteriæ Rami qui ab utroque Later e superioris partis Messali Cristæ-galli emergentes simul consesti ceniti, ac secundùm Longitudinalem Sinum & Falcem confluant. Vid. Fig. præcedentem (G) & sequentem (n).
g Arteriarum & Vertebralium Truncus, insarumque curvatura, quò faciliùs Occipitalis mejus Foramen subeunt & præoccipitalis Duræ-Matris, Basilarem constituunt Arteriam, & quibus supra. Vide secundam præced. Tab. Litt. (D).
h Surculus à Vertebrali ante insitu in Cranium ingressum, salientes, posterioribus inter untur surcilis Rami altius quem Carotis interna descendendo subministrat.
i Surculus ab intrarvenalis Vertebrarum surculis exeuntes, Ab Arteria quoque Vertebrali duorie superiori, & concurrunt cùm Occipitalis prominentiæ Ramis qui ab internæ Carotide nascuntur.
k Ramus Arteriæ, qui Occipitalo per posticum Apophisis Mastoideos Foramen obliquè decurrit, & uti jam adnotavimus, juxtà Carotalis utriusque sunditonem terminatur. In Fossam posteriorem, Tabulatum & Falcem, tribus quatuor surculis distribuitur.
m Præcipuæ Duræ-Matris Arteriæ, Rotundorum Sphenoidis Foraminem ingrediens. Hæc est sostus Carotidis externæ Ramus, qui in tres dividitur. Prima divisio (n) quæ posterior nuncupatur, præmissim in Cranio basis surculis prælsat; deout ad internam anteriorisque anguli parietalem surcum progressa, (quo statuet productum parvulum surculi unu bene constantem) in duos subdividitur surculos, anteriorem (o) & medium (p): tuneque distribuitur ut visum est, hujus Tabulâ Figurâ 1. (E). Iorum facilè percipi possunt impulsiones in quorumdam parietalium bene constantem) in duos subdividitur surculos, anteriorem (o) & medium (p), huius Tabulæ nominatam.
q Surculus à Ramo Carotidis externæ procedens per Rimonum irregularem aut per incisaurem lateris, anteriori fossæ delatam in adultis, ut cum obversis pluribus hinc in parte Ramulis inferatur.
r Optica foramina, per quæ transit Nervorum Opticorum Conjugatio.

---

s Foramina per quæ delabitur tertia conjugatio Nervorum, qui Oculorum motorii dicuntur. Inferiùs posita, sunt sextæ conjugationis foramina; quod enunciatitis in sequentibus Tabulis notabitur.
t Descendentis Duræ-Meningis Laminarum apertiun, quà conjugationis quintæ truncus ingreditur.
v Ossis Sphenoidis foramen, rotundum majus, seu Maxillare superius dictum; quo secundus quintæ paris Ramus in Maxillam tendit superiorem.
u Orarium, vel inferius Maxillare foramen, tertiæ quintæ conjugationis Ramo præbet aditum in Maxillam inferiorem.
x Foramina Varia quibus septimi paris Nervi Acoustici auditûs Organum subeunt. Adest & minoris Arteriæ, hisce Nervis inhærentis sestio.
y Foramina paris ostavi, quod & Vagum per dicitur, à variis in quæ dispergitur locis. Intercostali quoque Nervo, sui ostavi paris accessorio viam præbet.
z Capitenulæ plures, seu foramina, quibus ambo noni-paris fasciculi, gustatores dicti, delabuntur in gustûs organum.
  Sequentibus in Tabulis sestiis de Nervis, & eorum per Cranium, in Sensuum Organa transmissione disseremus.

FIGURA TERTIA.

Caput exhibet, cujus pars superior à Coronali ad Occipitale, verticaliter, inferior autem horisontaliter, trans Ossa Cranii scinditur.

  Geminum Falsis sicut, mediamque Tentorii partem objicit hæc sestio, ad cognitionem variarum Duræ-Matris anfractuum perutilis.
A Do et in partes aus hemisphæria Cerebrum partitur Falx; cujus excordium à Cristæ-Galli cui cohære ducitur, Juxtà Coronalis medietatem ascendit, Suturæ Sagittalis viam insequitur, & progrediendo ad Occipitale ipse plurimùm extendum, duæ in Laminas, quæ dicuntur Tabulatum in Occipitali distingit.
B Tabulatum Cerebelli Tentorium, aut Septum transfersalè dictum, extremis Sinuum lateralium sessisilibus in Occipitali excavati, Apophysion anteriorum Apophyseon Angulis, ad Apophyses usque Condiloides inserent, Cerebrum susti[nc]i & à Cerebello disjungit.
C Ovalis, aut Ovata Apertura seu Cavitas, quâ Cerebellum Oblongamque Medulla continentur.
D Sella Sphenoidalis, & extremum in Glandulam Pituitariam insundibulum. Durâ-Matre contestâm.
E Interna Caroti[di]s juxtà foramen Opticum egressus; parvulæque Optici Nervi comes Arteria.
f Foramen quo 5. paris Trunci ingreditur; qui postea tres in Ramos dividitur.
g Foramen Auditivum 7 vel Acousticum, in Apophysi petrosæ sicum.
h Præcipuæ Duræ-Matris Arteria, ipsiusque in mediam Sphenoidis Fossam, & Tentorium propagines.
i Arteriæ Surculus, qui per posticum Mastoideos Apophisis foramen distribuitur in Tentorium.
k Posterius Apophisis foramen, & ingressus Arteriæ.
m Ab Arteria à Vertebrali tendens ad Falcem. Simul coalescunt Falcis & Tentorii surculi.
n Arteriæ à latere Cristæ-Galli in anteriorem Falcis partem per Orbitarum internæ foramina trans Ethmoidum, procedentes, & plerosque Ramuli sunt eis illis qui in Fossis anteriorum basis Cranii consiciuntur.
o Apophisis Zygomatica.
p Apophisis Mastoidea.
q Maxilla Superior.
r Orbita Orbitaria.

FIGURA QUARTA.

Hæc Fig. quæ, ut diximus, ad præcedentem spectat Tabulam, quædam exhibet Arterias Carotidis externæ usque desiderabantur.

s Externæ Carotidis sestio.
t Tertius Septimi Carotidis Rami Surculus, qui ponê Aurem transiens, ipsi plura suppeditat Vascula.
u Surculus Minor Mastoideæ Apophysis flexus penetrans.
x Surculus qui perforanti Cartilagine distribuitur in Concham. Vide primæ Tab. Fig.

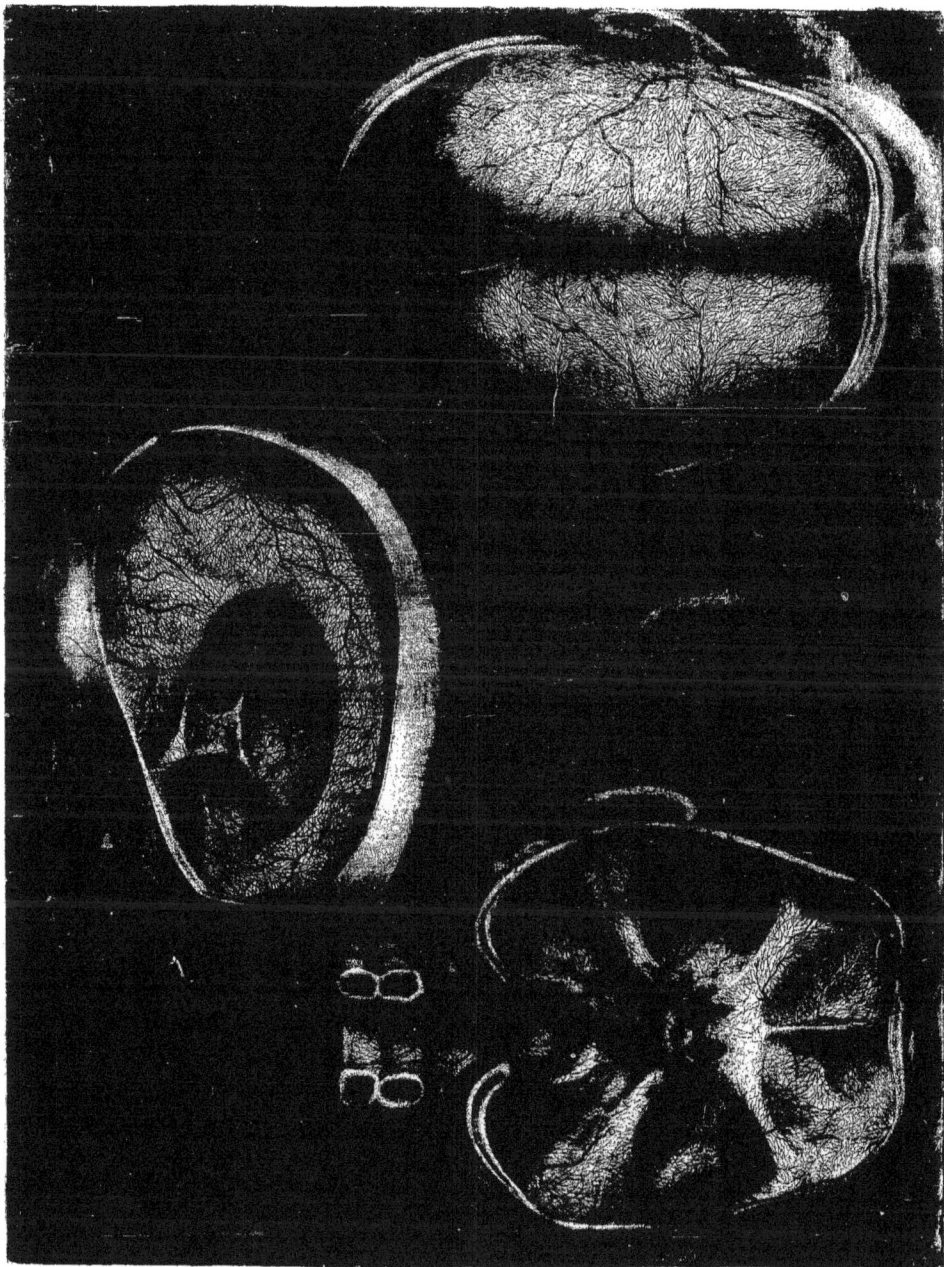

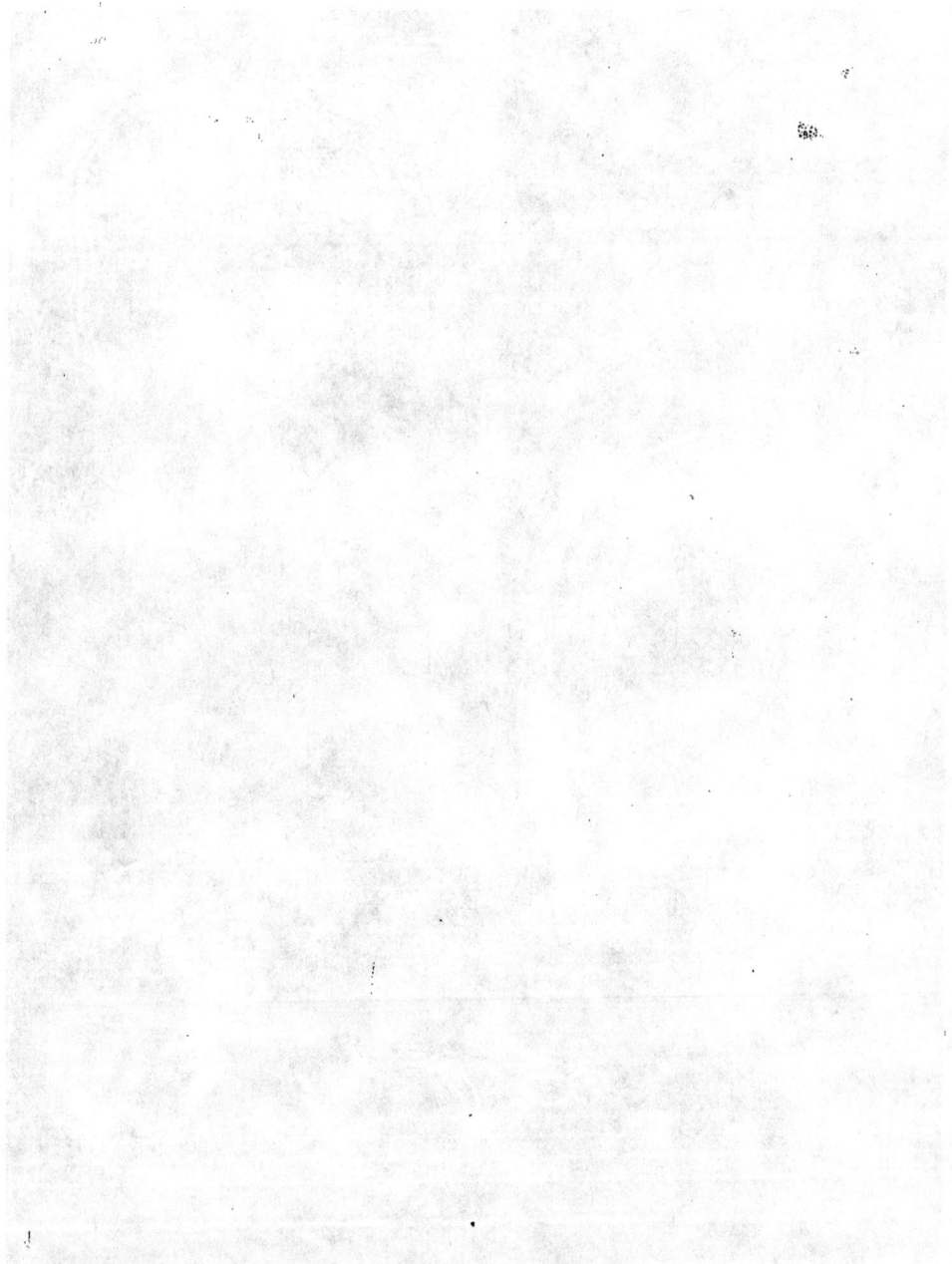

QUATRIÈME TABLE.

NOUS devons avertir nos Lecteurs que nous nous sommes plus attachés à circonscrire distinctement chaque partie, qu'à désigner par des caractères, les limites de chacune de ces Parties, pour ne point ôter aux Figures leur netteté.
On a représenté une partie de la Coupe Verticale de la Tête & du Col, divisée en deux parties symmétriques, de la partie antérieure à la postérieure, de manière cependant que les parties mitoyennes & communes à chacune de ces coupes, sont conservées dans celle qu'on a représentée ici. Telles sont la Faulx, la Cloison des Narines, celles des Sinus Frontaux & des Sphénoïdaux, le septum Lucidum qui y font dans leur situation naturelle. On y voit aussi une Coupe du Corps Calleux, la moitié du troisième & du quatrième Ventricule du Cerveau, les Couches des Nerfs Optiques, la Glande Pinéale, les Naës & les Tessés, une Coupe du Cervelet, la Protubérance annulaire, l'Eminence Orbiculaire de ce côté, la Tige Pituitaire, les Parties antérieures de la Voute à trois piliers, la Commissure des Lobes antérieurs du Cerveau, le Nerf Optique, les Artères & les Veines qui se distribuent dans ces Parties, la moitié de route la Cavité de la Bouche, du Larynx, de l'Œsophage, des Vertèbres du Col, &c.

che par de petits conduits la salive qu'elles separent.

71. Coupe des Muscles orbiculaires des Lévres.
72. Le Muscle Génio-Hyoïdien.
73. Portion du Muscle Digastrique.
74. Portion du Peaussier.
75. Le Muscle Sterno-Hyoïdien.
76. Le Muscle Sterno-Thyroïdi en.
77. La Membrane Ligamenteuse qui unit l'Os Hyoïde 9. au Cartilage Thyroïde.
78. La Graisse qui se rencontre entre l'Os Hyoïde 9.

& l'Epiglotte r.
79. La Membrane qui unit l'Epiglotte au Cartilage Thyroïde & au Cartilage Arythénoïde.
80. Endroit où cette Membrane se distingue de l'Epiglotte.
81. Lévre supérieure du Ventricule droit du Larynx.
82. Extrémité du Cartilage Arythénoïde.
83. Extrémité inférieure de ce Cartilage articulée avec le Cartilage Cricoïde.
84. Le Ventricule droit du Larynx.

87. La Lévre inférieure de ce Ventricule à travers la Membrane de laquelle se voyent quelque filets transversaux.
86. Coupe des Muscles Arythénoïdiens.
87. Coupe des Muscles Crico-Arythénoïdiens postérieurs.
88. Coupe de la Glande Thyroïde.
89. Coupe de la Crosse de l'Aorte.
90. Coupe de la Veine Sous-Claviére.
91. Rameaux qui viennent de la Glande Thyroïde se vuider dans la Sous-Claviére.

TABULA QUARTA.

N OTUM sit Lectoribus nos majorem in distinctè circumscribendas quasscumque partes, quam in illarum limites Characterum ope assignandas operam dedisse, ne hìc Figuras sœdaret Charactere; îdque descriptionem earum partium quas fecit Oculus Figurarum intelligens describi omisisse, ne nimiam faciendo moram tœdium moveret. Caput & Collum ab anterioribus ad posteriora in duas partes æquales & similes secta, intactis tamen partibus mediis & utrique sectioni communibus, exhibet; ita ut in sectione pictâ illæ partes, nempè Falx, Septum Lucidum, Septum Narium, sinuum Frontalium & Sphenoideorum in sui naturali appareant, &c.

A. B. C. D. &c. N. Peripheriam figuræ sectionemque Cutis & Membranæ adiposæ indicat.

A. B. Nasus.
A. Nasi extremitas.
B. Nasi radix.
B. C. Frons.
C. D. Nr. G. Pars Capitis Capillis rectâ seu Calvaria.
D. Vertex Capitis.
E. Pars Capitis posterior seu Occiput.
F. G. H. Pars Media & posterior Colli.
F. G. Fovea Posterior Colli.
I. J. Pars Media & anterior Colli.
I. Pars Inferior Colli in quâ adest fovea.
J. Pars Superior Colli in quâ adest Larynx.
J. K. Mentum.
K. L. Labium inferius.
M. N. Labrum superius.
N. A. Pars Inferior portionis anterioris Septi-Narium.
O. P. &c. Z. a. b. &c. q. Sectio omnium Ossium, in quibusloquitur Peripheria seu Cortex compactior, Area verò spongiosa apparet.
O. Sectio Partis superioris Sterni.
P. Q. Sectio Vertebrarum Colli septem & prima Dorsi.
P. Sectio Corporis Vertebrarum.
Q. Sectio processuum spinosorum.
R. Processus Odontoïdes secundæ Vertebræ, cujus ope prima Vertebra circà secundam vertitur.
S. T. V. U. W. X. Sectio Ossis Occipitalis.
S. T. Pars Foraminis Occipitalis quâ Medulla oblongata & Canalem Vertebrarum sub nomine Medullæ spinoïdeæ subit.
T. U. Sectio processûs Cuneiformis.
U. Pars hujus processûs in Osse Cuneiformi indentata.
V. Processus internus, medius & anterior Occipitalis.
W. Processus internus, medius & posterior ejusdem Ossis.
X. Hujus Ossis pars cum parietali indentata.
X. Y. Os Parietale.
Y. Pars hujus Ossis cum Coronali indentata.
Y. Z. a. b. Coronale seu Os Frontis.
Z. Septum Osseum hujus Ossis Sinus frontales separans, tectum Membranâ pituitariâ, vasique istam irrigantibus pictum.
a. Pars hujus Ossis cum Nasi Ossibus identata.
b. Pars hujus Ossis cum Osse cribroso indentata.
c. Sectio Ossium Nasi.
d. Os Cribrosum.
d. Processus Crista-Galli.
e. Pars posterior Ossis cribrosi cum anteriori cuneiformi indentata.
f. g. h. ʒ. i. Os Cuneiforme.
f. Septum hujusce Ossis, Ossium Sinus Sphenoïdeos separans, Membranâ pituitariâ Vasisque istam pingentibus tectum.
ʒ. Fovea pituitaria.
g. Ossis Cuneiformis pars cum processû cuneiformi Occipitalis indentata.
i. Sectio Cristæ Cuneiformis.
ʒ. Rimula infra Cristam & Septum istum jacens.
k. l. m. n. o. Sectio Maxillæ inferioris.
k. Sectio portionis horizontalis Ossium palati, partem palati Ossei posteriorem constituentis.
l. m. Sectio partis Ossium Maxillarium palatum Ossum anteriorem efformantis.
l. Hujus Ossis pars cum Osse palati indentata.
m. Sectio Alveoli sui dens incisiva per Gomphosin implantatur, & per Gengivas ipsi annexas firmatur.
n. o. Sectio hujusce dentis.
n. Ipsius Radix in quâ Vasa Dentalia excipiens conspicitur fovea.
n. Ipsius Corona, seu pars extrà Alveolum saliens.
m. p. Sectio Maxillæ inferioris.
p. Processus posterior, internus & medius cui varii inferuntur Musculi.
q. Sectio Ossis Hyoïdei.
r. s. &c. w. Sectio Laryngis Tracheæque Arteriæ quorum parietis internis Membrana propria obductis apparet.
r. Sectio Epiglottidis, cujus pars media abit in 8 o. adest.
s. t. u. ʒ. v. r. o. Scuti-formis.
t. Sectio hujus Cartilaginis.
u. Ligamentum hanc Cartilaginem cum Cartilagine annulari connectens.
v. Cartilaginis Scuti-formis paries internus.
w. Sectio Annuum Cartilagineorum Tracheæ Arteriæ.
x. x. Horum intervalla Membranis quâ motum annectilius replent.
y. Sectio Cartilaginum Corpus Vertebrarum ad invicem unientium.
z. Ligamenta primam & secundam Vertebram Occipitali alligantia.
&. Ligamentum primam Vertebram secundæ connectens.
a. b. c. &c. l. l. Dura-Matris.

a. a. Duræ-Matris portio canalem Vertebrarum obducens.
b. Falx Cerebri.
c. d. e. Sinus quartus.
c. Apertus in Sinu transverso dextro.
d. Hujus Sinus Appendices.
f. g. h. ʒ. Sinus Longitudinalis superior.
f. g. Hujus Sinus Appendices.
g. Sinus Apertus in Sinu transverso dextro.
h. Orificia Venarum Cerebri in istu Sinu sese evacuantium.
ʒ. Angulus Parietis superioris cum inferiore laterali dextra eoaversâ efformatus.
i. k. Sinus Longitudinalis inferior.
k. In Sinu quarto apertus.
d. f. i. k. d. e. Falx in quâ varia directio Fibrarum ipsam componentium & quædam Vasa ipsam irrigantia apparent.
d. k. Extremitas posterior Falcis super Tentorium sedens.
d. e. Extremitas anterior Falcis processui Cristæ-Galli tecta.
l. l. &c. ʒ. Pars superficiei internæ hemisphærii dextri cerebri.
l. l. Circumvolutiones hujus superficiei l. infrà Falcem apparentes, Pîâ-Matre Vâsique ipsam pingentibus tectâ.
m. Corpus Callosum verticaliter in parte media tautusque ad sinistras sectum, ut servaretur.
n. o. Sectio Lucidum.
n. Parles ipsius dexter.
o. Paries ipsius sinister seu dexter ut dexter apparet. Hi ambo parietes naturaliter separati intercipiunt spatium quendesque aquâ repletum.
p. Columna Medullaris sese in utroque lobum anteriorem Cerebri dispergensis sectio.
p. q. r. Pars anterior Fornicis sese infrà Corpus Callosum inflectentis.
q. Columna dextra.
r. Columna sinistra sectâ ut apparet Columna q. hæ ambo Columnæ in parte Columnæ p. posteriore ut apparet in q. sunt sitæ.
s. t. u. y. x. Sectio tertii Ventriculi Cerebri.
s. t. Superficies interna Thalami Optici dextri.
t. Fasciculus Medullaris Glandulæ Pinealem z. parti posteriori Thalami adnatans.
u. Infundibulum.
u. Apertura Orificulare porti anteriori & superioris versum Medullarum Cerebri adjacens.
v. v. Sectio concursûs Nervorum Opticorum.
u. w. Sectio parietis anterioris Ventriculi tertii.
u. w. z. Sectio parietis posterioris Ventriculi tertii.
x. Columna quæ ab Infundibulo abit in glandulam pituitariam.
y. Glandula pinuit aria.
z. Unio Fibrarum medullarium Cerebri cui nomen cruris. Cerebri seu Pedunculi Cerebri, ad procurbarum tiam annularem efformandam concurrentium.
&. Pars istorum crurum, cruribus Cerebelli decussasa.
ʒ. Glandula Penealis lateraliter desecta.
z. Natis. ʒ. Testes.
4. 5. Sectio parietis superioris Ventriculi quarti.
5. 6. 6. Sectio Verticalis Cerebellim quâ substantia Medullaris ista cum substantia Corticali illam ambiente combinatur, ut ad folii arboris cujuscumque Figuram accedat, unde Arborem vitæ istam denominasse Figuram.
7. Pars transversæ portionis dextræ Cerebelli in quâ sese ipsius circumvolutiones offerunt.
8. 9. 10. 11. 12. Medulla Oblongata.
8. Hujus Medullæ sectio sese in Canali Vertebrarum sub nomine Medullæ spinalis insinuans.
9. Convexitas Corporum pyramidalium insinuans.
10. Sectio Proeuberantiæ annularis seu pontis Varolii, in quâ fibræ longitudinales erurum Cerebri & transversæ fales crurum Cerebelli mutuò sese decussantes apparent.
11. 12. Sectio Ventriculi quarti.
11. Convexitas anguli à Ventriculo tertio in quartum abeuntis, seu aquæ ductus Sylvii.
12. Fissura Medullares quâ Ventriculum quartum adsunt.
13. 14. 15. Arteria Basilaris.
13. Sectio Arteriæ Vertebralis sinistræ cum dextra ad Basilarem efformandam concurrentis.
14. Locus divisionis Arteriæ Basilaris undè crepit ad Cerebrum & Cerebellum.
15. Tortuositas par Meatorum Cerebri.
16. 17. 18. Ramus Caroticus internus internam hemisphærii dextri partem irrigans.
16. 17. Hujus Rami in Lobum anteriorem dispersi.
19. Ramus hujus Arteriæ supra Corpus Callosum ad Lobum medium & posteriorem assurgens.
20. Plexus Choroïdeus supra Thalamos Opticos situs.

Arteriarum Venarumque inter textus, quæ quidem Venulæ abeunt in

21. Venam Galeni quæ in Sinu quarto evacuatur.
22. 23. Nervi Spinales Fibris a parte laterali Medullæ Spinalis exurgentibus efformatus.
23. Illa Filamenta à spinâ Medullari separata.
24. 25. 26. Nervi Vertebrales prodeuntes ex concursu filamentorum tum
24. Ex Partibus Medullæ Spinalis anterioribus tum
25. Ex Anterioribus procedentium. quæque
26. Ad Efformandum quemcumque Vertebratum Nervum uniuntur.
27. Sectio Ligamentorum intervalla inter Vertebras ab ossarum Corpori ad processus Spineos interjacentia obducentium, usque ad invicem obligantium.
28. Rectus Minor posticus Capitis.
29. Rectus Major posticus Capitis.
30. Intra Spinati.
31. Transversus Spinati Colli.
32. Complexus Major.
33. Splenius. 34. Cucullaris.
35. 36. 37. 38. Oesophagus.
35. Ipsius Sectio.
36. Membrana ipsius externa.
37. Membrana ipsius interna.
38. Ipsius Cavitas.
39. 40. 41. 42. Sectio Pharyngis.
39. Sectio Musculorum Pharyngis.
40. Sectio Musculi dextri anterioris Colli.
41. Monticuli sudriuheri in Pharyngis parietis posteriori apparentes mucumque emittentes.
42. Orificium Tubæ Eustachianæ.
43. Velum pendulum Palati.
44. Orificium posterius Narium.
45. Uvula.
46. Uvulæ Musculus.
47. Sectio Uvulam ambientes.
48. &c. 51. Septum Narium Membranâ pituitariâ vasisque istam irrigantibus obductum, quod quidem constat ex
48. Laminâ Ossæ Ossis Cribriformis.
49. Vomere.
50. Ex Cartilagine, Laminam Cribriformem & Vomer unientem.
51. Sectio Cartilaginum Nasi.
52. Portio Membranosa septum Narium perficiens.
53. 54. Palatum.
54. Reginæ quæ in ipsius parte anteriore observantur.
55. &c. 61. Dentes.
55. &c. 58. Dentes Molares.
59. Dens Caninus.
60. 61. Dentes Incisivi.
62. Palatum internum Oris.
63. Columna anterior veli pendulæ Palati.
64. Columna à posterior ejusdem veli.
65. Tonsilla dextra.
66. &c. 69. Sectio Linguæ.
66. Monticuli ipsius parti posteriori adjacentes, mucumque mittentes.
67. Radix Linguæ.
68. Musculus Geniogolossi sese à Radice ad Apicem Linguæ extendens.
69. Apex Linguæ.
70. Glandulæ labiales per ductum angustum & brevem in Ore salivam effundentes.
71. Sectio Orbicularis Labiorum.
72. Musculus Genio-Hyoïdeus.
73. Portio Digastrici.
74. Portio Platysma Myoïdes.
75. Musculus Sterno-Hyoïdeus.
76. Musculus Sterno-Thyroïdeus.
77. Membrana Ligamentosa Os Hyoïdes cum Cartilagine Thyroïdea circumligans.
78. Adeps inter Os Hyoïdes & Epiglottidem interjacens.
79. &c. 81. Membrana Epiglottidem Cartilagines Thyroïdeæ & Arythénoïdeæ circumligans.
80. Membrana ista inter Epiglottidem & Thyroïdeam Cartilaginem interfecta.
81. Labium superius Ventriculi dextri Laryngis.
82. Extremitas à Cartilagine Arythénoïde.
83. Extremitas à inferior Cartilaginis hujus cum Cricoïdeâ articulata.
84. Ventriculus dexter Laryngis.
85. Labium inferius hujusce Ventriculi in quo filamenta quædam transversalia apparent.
86. Sectio Musculorum Arythénoïdeorum.
87. Sectio Musculorum Crico - Arythénoïdeorum posteriorum.
88. Sectio Glandulæ Thyroïdeæ.
89. Sectio Crossæ Aortæ.
90. Sectio Venæ subclaviæ.
91. Rami à Glandulâ Thyroïdea in subclaviam migrans.

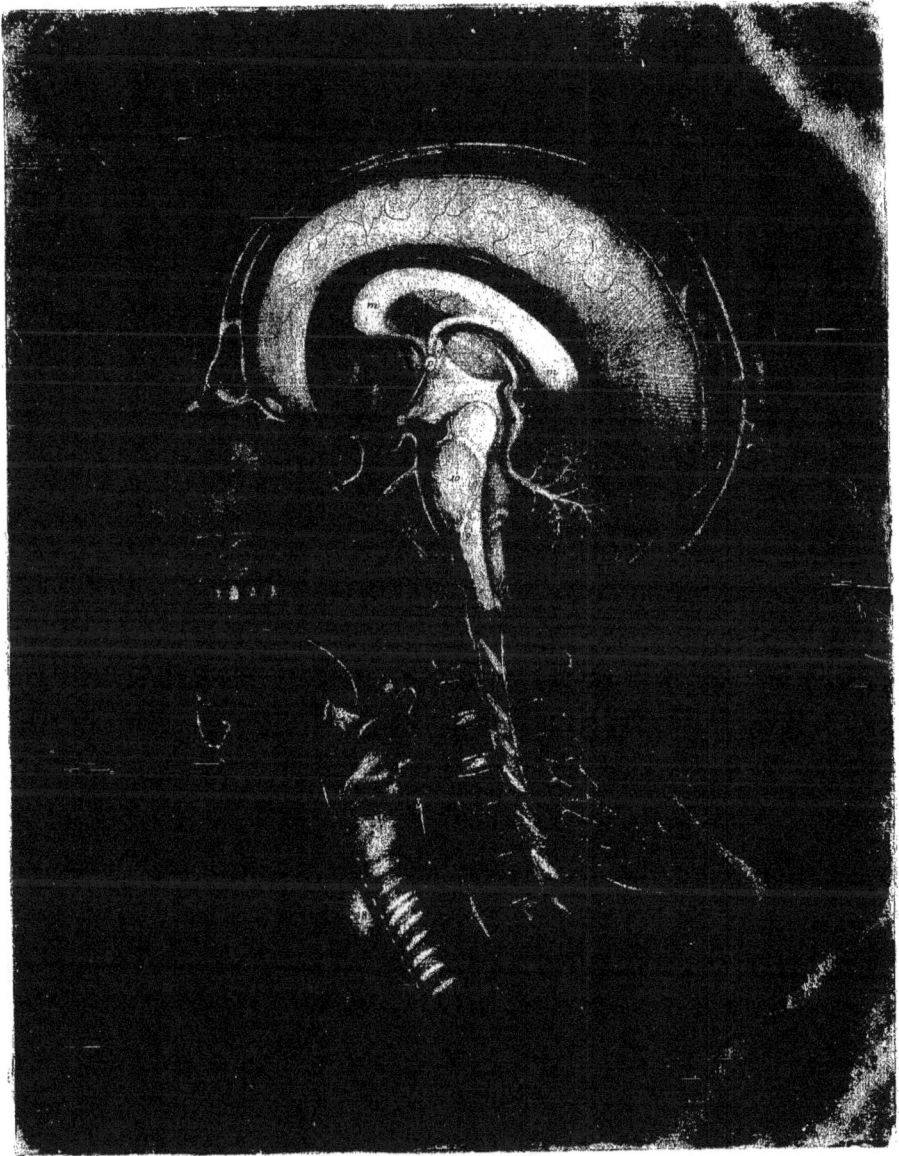

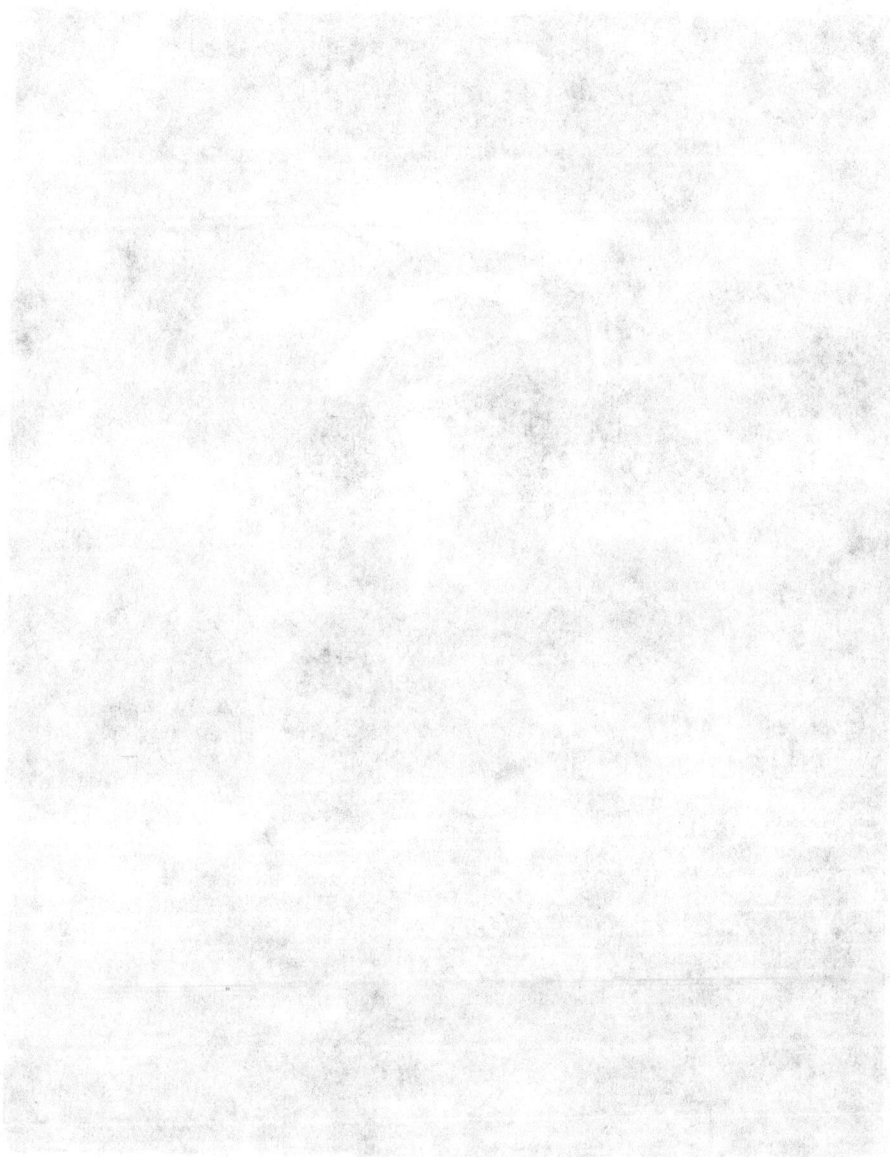

CINQUIÉME PLANCHE.

FIGURE PREMIERE.

REPRESENTE une coupe horisontale de la Tête ouverte à angle droit à peu près, & dans laquelle, pour ne pas multiplier les Figures, on a conservé d'un côté des éminences qu'on a enlevées de l'autre pour faire sentir ce qui étoit au-dessous.

Dans la partie inférieure de cette coupe se voyent en situation, une grande partie des cornes de Belliers, des ventricules latéraux, du troisiéme ventricule, les corps cannelés, les couches des nerfs optiques, une partie du Plexus Choroïde, les Natès, les Bandes Médullaires sur lesquelles la glande pinéale est placée, &c.

Dans la partie supérieure de cette coupe, qu'on doit imaginer renversée sur l'inférieure & la couvrir, pour se figurer les parties en situation, se voyent la voute à trois pilliers, la Face inférieure du corps Calleux, la Lyre, &c.

A. A. B. B. COUPE des Tégumens.

C. D. E. COUPE des Os du Crane dans laquelle on doit observer la différente épaisseur de ces Os, leur diploé & leurs Tables qui intérieurement & extérieurement environnent le diploé.

C. COUPE de l'Epine du Coronal.

D. COUPE de la partie supérieure des grandes aîles de l'Os Sphénoïde.

E. COUPE de la partie supérieure de la Tubérosité tant interne qu'externe de l'Occipital.

F. G. H. I. K. COUPE de la Dure-Mere.

F. F. COUPE de la partie antérieure & inférieure de la Faulx représentée *Planch. 4. f. g. i. j.*

H. I. COUPE de la partie postérieure inférieure de la Faulx.

I. L'OUVERTURE du Sinus longitudinal supérieure coupé. *Voyez ce Sinus Planch. 4. f. g. j.*

L. M. N. O. COUPE des deux Hémisphéres du Cerveau jusqu'aux Ventricules latéraux.

L. M. N. COUPE de la substance corticale, par laquelle on voit comment cette substance épaisse de deux lignes environ enveloppe la substance médullaire O, & comme elle est elle-même environnée de la piemere & des vaisseaux sanguins qui s'y distribuent.

L. L. L'INTERVALLE des deux lobes postérieurs du Cerveau dans lequel la Faulx est reçue.

M. M. L'INTERVALLE des deux lobes antérieurs du Cerveau dans lequel la Faulx est reçue.

N. N. COUPE de la Fissure de Sylvius.

O. O. COUPE de la substance médullaire qu'on voit parsemée d'un grand nombre de petits points rouges qui sont des gouttes de sang qui s'écoulent par la coupe des vaisseaux qui la traversent.

P. Q. &c. Y. LES PAROIS inférieures des Ventricules latéraux.

P. Q. T. LA PAROY inférieure du Sinus postérieur des Ventricules sur les parties latérales duquel se voit l'*éminence pyramidale* P.Q. dont la partie postérieure P. se termine en pointe, & la partie anterieure Q. est arrondie & fait angle avec les cornes de Bellier Q.R.

Q. R. S. T. U. V. W. LA PAROY inférieure du Sinus antérieur des Ventricules, dans lequel se voyent

Q. R. LES CORNES DE BELLIER, ou *les cornes d'Ammon*, ou *les pieds de Cheval Marin*, ou *le Ver à soye en nymphe.*

Q. COUPE de l'extrémité posterieure de ces Cornes continues au bord postérieur i. i. k. du corps Calleux, dans la coupe opposée.

R. EXTREMITÉ antérieure de ces cornes courbées en dedans en forme de spirale, & marquées de plusieurs petites élévations.

S. LA PAROY inférieure de l'espace triangulaire qui se trouve entre l'éminence postérieure P. Q. & l'éminence antérieure Q. R.

T. U. PORTION postérieure & inférieure des bandes médulaires l. i. dans la coupe opposée, qui bordent les cornes de Bellier.

T. COUPE de ces bandes qui répond à la coupe i. dans la partie supérieure de la figure.

U. L'EXTREMITÉ antérieure de ces bandes où se voit l'extrémité du Plexus Choroïde qu'on a coupé pour découvrir les cornes de Bellier sur lesquelles il est placé.

V. PARTIE du Cerveau qui s'observe entre les bandes médullaires & le bord latéral externe W. des couches des Nerfs Optiques, laquelle est couverte de de la pie-mere garnie des vaisseaux qu'elle soutient.

W. FENTE qui se trouve entre cette partie du Cerveau V. & le bord postérieur inférieur latéral externe des Couches des Nerfs Optiques, par laquelle différentes petites artérioles s'élevent dans le Sinus antérieur, & forment le Plexus Choroïde.

X. Y. LA PAROY inférieure des ventricules latéraux, ou des ventricules supérieurs.

X. LE CORPS CANNELÉ gauche, de couleur cendrée, dont g. représente la coupe à droite, & m. r. la coupe opposée.

Y. COUCHE DU NERF OPTIQUE droit, couverte de substance médullaire, tapissée du Plexus Choroïde qui s'insinue, comme on peut le sentir en T. dans les Sinus antérieurs des verticules latéraux situés immédiatement au-dessous de cette couche, pour couvrir les cornes de Bellier. On voit en h. la coupe de la couche opposée,

Z. LA FACE latérale interne de cette couche représentée en s. *planch.* 4. & qui dans l'état naturel couche la même Face de la couche opposée t. à laquelle elle est quelquefois collée, de maniére que la partie supérieure de ces couches ainsi approchées laisse voir une fente dont l'extrémité antérieure plus évasée s'appelle *vulva*, & la postérieure de même se nomme *anus*. Le Plexus Choroïde couvre donc ces couches de la partie antérieur à la postérieure, de façon que les veines qui rapportent le sang de ce Plexus sont situées sur la fente, & se terminent postérieurement par un seul tronc a. b. dans le Sinus droit. *Voyez cette veine Planche* 4. 21. *e.* l'espace qui se trouve entre les deux couches des Nerfs Optiques s'appelle *le troisiéme ventricule.*

a. b. LA VEINE de Galien.

b. LES NATÈS par-dessus lesquels la veine de Galien aboutit dans le Sinus droit.

c. LES BANDES médullaires, ou *la commissure postérieure* du Cerveau sur laquelle la Glande pinéale est placée.

d. d. COUPE antérieure des colonnes médullaires situées sous le corps Calleux, comme on le voit en l. i. dans la coupe opposée & en *q. r. r. planch.* 4.

e. COUPE de la commissure antérieure du Cerveau placée à la partie antérieure inférieure des bandes médullaires & des couches des Nerfs Optiques. Cette colonne médullaire s'étend de part & d'autre, comme on le voit en g. & supérieurement en m. dans les corps Cannelés de la substance médullaire desquels elle paroît être la réunion.

f. e. COUPE du Septum Lucidum duquel on voit supérieurement la coupe en m. p. q. *Voyez cette cloison planche 4. à la lettre n. o.*

g. COUPE du corps Cannellé droit duquel on voit la coupe opposée supérieurement en r.

h. COUPE de la couche du Nerf Optique droit de laquelle on voit supérieurement la coupe opposée en s.

i. k. l. m. n. o. UNE PARTIE de la Paroy supérieure des ventricules latéraux, formée par la face inférieure du corps Calleux.

i. k. l. ESPACE triangulaire circonscrit par

i. i. k. LA PARTIE inférieure du bord postérieur du corps Calleux.

i. i. COUPE des parties latérales de ce bord & des bandes médullaires continues aux cornes de Bellier desquelles on voit la coupe opposée en Q.

k. LES LIGNES transversales qui s'observent sur ce bord.

l. l. COUPE antérieure des bandes médullaires qui répond audessous à la coupe d. d. Ces bandes presqu'unies en devant, sont écartées l'une de l'autre en arriére & collées à la face inférieure du corps Calleux qui forme une espéce de voute nommée *voute à trois piliers*. L'union antérieure des deux colonnes forme donc *le pilier antérieur*, & chacune d'elles l. i. prend le nom de *pilier postérieur*.

m. COUPE de la commissure antérieure du Cerveau. *Voyez au-dessus l'opposée en* e.

n. LIGNES MEDULLAIRES qui traversent l'aire du triangle qui à cause de cette forme se nomme *la Lyre.*

o. o. LA FACE inférieure du corps Calleux du côté gauche, laquelle couvre les éminences X. & Y. & dans laquelle on doit observer les filets & les veines qui la traversent. Cette face, au reste, est couverte de substance médullaire.

p. q. COUPE du Septum Lucidum qui répond à la coupe inférieure e. f.

q. BORD antérieur du corps Calleux.

r. COUPE du corps Cannelé droit qui répond à l'inférieur g.

s. COUPE de la couche Optique droite qui répond à l'inférieure h.

t. FACE LATÉRALE interne de la couche Optique droite qui répond à la face interne Z. de la couche gauche.

u. v. w. PAROIS supérieures des Sinus des ventricules.

u. PAROY supérieure de l'espace triangulaire inférieure S.

v. PAROY supérieure du Sinus postérieur des ventricules.

w. PAROY supérieure du Sinus antérieur des ventricules.

FIGURE II.

On a représenté dans cette Figure, au moyen de différentes coupes pratiquées dans la face, la partie antérieure du Cerveau, le systême des conduits des larmes, les parties qui servent à determiner la situation naturelle de ces conduits, la cavité de la Bouche vûe en devant, le Sinus maxillaire droit ouvert antérieurement, &c.

a. b. c. d. e. f. g. &c. COUPE de la moitié droite de la Face.

a. L'ANGLE gauche des Lévres.

a. b. LA MOITIÉ de la Lévre supérieure droite.

b. c. COUPE de cette Lévre.

c. d. LE BORD inférieur de la Narine gauche.

d. e. COUPE DU NEZ le long de sa partie moyenne.

d. LE BOUT du Nez.

e. LA RACINE.

f. f. COUPE horizontale de la partie antérieure des Os du crane au-dessus de sourcils rencontrée par

f. f. g. UNE autre coupe verticale des Os du crane le long de la suture Coronale, au moyen de laquelle on a enlevé les Os pour découvrir antérieurement le Cerveau.

h. b. COUPE des Tégumens des parties latérales de la Face.

i. k. l. COUPE de la Cloison des Narines & de la membrane pituitaire qui la tapisse de part & d'autre. *Voyez cette Cloison* planch. 4. n°. 48. 49. 50.

i. COUPE de la lame Osseuse de l'Os Ethmoïde.

k. COUPE du Cartilage qui unit cette lame avec le Vomer.

l. COUPE DU VOMER.

m. m. COUPE Verticale antérieure de l'Os maxillaire droit au gauche, vis-à-vis la troisiéme dent molaire de chaque côté.

n. COUPE du Coronal pour découvrir

* * LE SINUS FRONTAL droit.

o. COUPE du Cornet inférieur droit du Nez, jusqu'à la partie de ce Cornet qui environne le conduit des larmes.

p. p. EXTREMITÉ antérieure des Cornets inférieurs de l'Os Ethmoïde.

q. EXTREMITÉ antérieure du Cornet inférieur gauche du Nez, au moyen de laquelle on peut juger de la portion ôtée du Cornet droit *o.*

r. PROFIL de la Face latérale interne des Cartilages du Nez qui peut faire juger de la distance qu'il y a du bout du Nez à la partie inférieure *x.* du conduit des larmes de chaque côté.

s. PROFIL de la coupe de la portion Nazale de l'Os maxillaire gauche, de la partie antérieure à la postérieure, pour rencoutrer la coupe *m. m.* de l'Os maxillaire droit.

t. t. LES FOSSES Nasales tapissées de la membrane pituitaire.

u. LE SINUS maxillaire droit ouvert au moyen de la coupe de l'Os de ce côté & couvert de la membrane pituitaire qui le tapisse.

v. w. x. LE SYSTEME des conduits des larmes.

v. w. LE CONDUIT des larmes courbé en différens sens, qui par sa partie inférieure *v.* s'ouvre dans les Narines sous la partie antérieure *o.* de chaque Cornet inférieur du Nez.

w. LA PARTIE supérieure dilatée de ce conduit à laquelle on donne le nom de *sac lacrymal.*

w. x. x. LES DEUX petits Conduits ou *les cornes de Limaçon* qui s'ouvrent dans ce sac sans se rencontrer.

x. x. LES ORIFICES de ces conduits sur la partie interne du bord de chaque paupiére, nommés *points lacrymaux.*

y. LA CARONCULE LACRYMALE située entre les cornes de Limaçon.

z. L'ANNAU Cartilagineux par lequel passe

1. 1. LE TENDON du grand Oblique de l'œil pour aller s'insérer, comme on le voit, au Globe de l'œil.

2. LA GLANDE LACRYMALE située à la partie supérieure de l'angle interne de l'œil.

3. 3. LES GRAISSES & le Tissu cellulaire qui environnent le Globe de l'œil.

4. LE CERVEAU vu antérieurement & à gauche, couvert de la dure-Mere à travers laquelle se voyent les vaisseaux qui s'y distribuent.

5. 5. 6. 6. LE CERVEAU vu antérieurement & à droite, couvert de la pie-Mere à travers laquelle se voyent les vaisseaux qu'elle soutient.

5. 5. L'EMBOUCHURE des Veines qui rapportent le sang de la partie antérieure du Cerveau dans la partie antérieure du Sinus longitudinal supérieur.

6. 6. LES CIRCONVOLUTIONS du Cerveau.

7. L'OS DE LA POMETTE.

8. 8. LE MUSCLE Masseter.

9. 9. UNE PORTION du Buccinateur.

10. *h.* UNE PORTION du conduit de la Parotide.

10. L'ORIFICE de ce conduit dans la Bouche après avoir traversé le Buccinateur vis-à-vis la troisiéme dent molaire.

11. 11. 11. LES TROIS derniéres dents molaires supérieures.

12. 12. LES DENTS MOLAIRES inférieures.

13. LA LANGUE.

14. 15. 16. 17. 18. LE PALAIS, *Voyez Planche* 4. n°. 53. 54.

15. 16. 17. 18. LE VOILE du Palais.

16. LA LUETTE.

17. 18. LES COLONNES de ce Voile entre lesquelles la glande amygdale est placée, *Voyez Planche* 4. n°. 63. 64.

17. LES COLONNES antérieures.

18. LES COLONNES postérieures.

JE me suis d'autant plus volontiers determiné à joindre ici la Figure des conduits des Larmes qu'elle devient d'une grande utilité par rapport aux maladies auxquelles ces conduits sont sujets & aux opérations qui s'y pratiquent, surtout dans un temps où il paroît qu'on veuille faire revivre les injections par la partie inférieure v. de ces conduits dans le Nez. On les peut voir en x. y. *Planch.* 7. *Fig.* 3. & leur coupe en L. *Planch.* 8. *Fig.* 1. Je laisse à mon Lecteur à décider s'il est possible d'introduire une sonde courbée en arc de cercle dans ces conduits par la partie inférieure v, sans endommager ces parties. MM. Morgagni & Bianchi ont aussi donnés des Figures de ces conduits. L'Illustre Morgagni les a représenté hors de situation, & c'étoit son intention. M. Bianchi les a voulu représenter en situation, mais la Figure qu'il en a donné est extrêmement mauvaise, les parties y sont désigurées, & on ne peut en aucune façon juger de leur situation : c'est cependant à la situation qu'on doit principalement s'attacher dans les Figures.

TABULA QUINTA.

FIGURA PRIMA.

SECTIONEM capitis horifontalem ad angulum circiter rectum apertam exhibet; in eoque ne nimis figurarum exurgeret numerus, calces, meniculaque in una parte intelli, in alia verò eversâ sese offeruntur, qui partes infrà sita in conspectum veniunt. In hujus verò sectionis parte inferiori, pedum hippocampi, ventriculorum lateralium, ventriculi tertii, Plexus Choroidei pars, corpora striata, thalami optici, Nates, commissura posterior cerebri apparent. Ast in parte illius sectionis superiori, quam suprà inferiorem delapsam fingas quisque animum sibi partium situm repræsentare percipit, sese psalloides, facies corporis Callosi inferior, &c. exhibent

A. A. B. B. Sectio Tegumentorum.
C. D. E. Sectio Ossium Cranii in quâ diversa horumce Ossium crustissta, substantia spongiosa, tabulaque illam tenuis exteriùs tum interiùs exstantibus observantur.
C. Spinæ Coronali sectio.
D. Partis superioris alarum cuneiformis Ossis maximarum sectio.
E. Partis superioris Tuberositatis tum interna tum externa Occipitalis sectio.
F. G. H. I. K. Duræ-Matris sectio.
F. F. Partis anterioris inferioris falcis sectio.
G. H. I. Partis posterioris inferioris falcis sectio.
I. Sinus longitudinalis superioris secti lumen.
L. M. N. O. Hemisphæriorum amborum cerebri usque ad ventriculos laterales sectio.
L. M. N. Substantiæ corticalis sectio, quâ, quemodo ista duarum linearum circiter crassa substantiam medullarem O. circumdet, quamodoque ipsa piâ meninge vasis illam substantiam irrigantibus piola circumdata sit, apparet.
L. L. Inter duos lobos posteriores cerebri spatium, partem falcis posteriorum admittens.
M. M. Interstitium inter duos lobos anteriores, cerebri falcem anteriorem recipiens.
N. N. Fissuræ Sylvii sectio.
O. O. Substantiæ medullaris, punctis rubentibus seu potiùs sanguineis guttis vasorum per ipsam migrantium sectiorum lumine exmanantibus, piola sectio.
P. Q. &c. Y. Ventriculorum lateralium parietes inferiores.
P. Q. T. Parietis inferior Sinus posterioris dextri ventriculorum, in cujus parte laterali sese offert processus pyramidalis P. Q. cujus pars posterior V. abit in apicem, pars verò anterior Q. subrotunda & compedibus hippocampi Q. R. angulum efficit.
Q. R. S. T. U. V. W. Parietes inferior Sinus dextri anterioris ventriculorum, in quo videtur
Q. R. Pedes hippocampos seu bumbicos.
Q. Extremitas posterioris pedum hippocamporum, margini posteriori s. i. k. corporis Callosi in sectione oppositâ continuorum, sectio.
R. Horumce hippocamporum extremitas anterior admodum spira circumvoluta, variisque tuberculis striata.
S. Pedes inferior spatii triangularis tum eminentiam posteriorem P. Q. & anteriorem Q. R.
T. U. Pars posterior & inferior fasciarum medullarium l. i. in sectione oppositâ, quæ hippocampum intus obducunt.
T. Habenæ fasciarum, sectioni s. in parte superiori figuræ, relativæ sectio.
U. Illarum fasciarum extremitas anterior, in quâ Plexus Choroideus, quo detegerentur hippocampi, sectus apparet.
V. Pars cerebri inter fascias medullares & marginem lateralem extremam W. thalamorum Opticorum obvia, tellamque piæ meninge vasis istam cerebri partem irramiantes piola.
W. Rima quâ in Sinum anteriorem è cranii basi ad Plexum Choroideum erepunt arteriolæ.
X. Y. Ventriculorum lateralium parietes inferiores.
X. Corpus striatum sinistrum cinereni coloris, cujusque dextrorsum g. & m. r. in superiori parte figuræ, sectionem indicat.
Y. Thalamus Opticus dexter substantia medullari sectus, Plexusque Choroideus, ut in Y. percipi potest, in Sinus anteriores lateralium ventriculorum immediate infrà thalamos sitorum descendens, quo hippocampus obducat,

z. Facies hujus thalami lateralis interna, quam 1. Tab. indicat, quæque in statu naturali ita applicatur eadem faciei thalami oppositæ, cui quandoque adhæret, ut horumce thalamorum pars superior sic adunata, rimam efficiat cujus extremitas tum anterior tùm posterior ampliata, vulva anterius, posteriùs verò anus denominatur. Plexus Choroideus hosce thalamos ab anterioribus ad posteriora ita obducit, ut vena Plexuum illum efformantes sub illa rima confluant, unicoque tubo a. b. posterius in Sinum dextrum aperiantur. Hanc venam 21. e. Tab. 4. demonstrat. Spatium verò thalami interceptum ventriculum tertium denominant.

a. b. Vena Galeni.
b. Nates suprà quas vena Galeni in Sinum quartum abit.
c. Fasciæ medullares, sus commissura posterior cerebri in quam glandula pinealis incumbit.
d. d. Sectio anterior columnarum medullarium infrà cornu Callosum sitarum, ut in l. i. sectioni oppositâ, & in q. r. Tab. 4. videre est.
e. Sectio commissuræ anterioris cerebri parti anteriori inferiori fasciarum medullarium, thalamorumque opticorum, sita. Hinc & illinc illa medullaris columna, ut inferius in g. & superius in m. apparet, in corporibus striatis dispergitur.
f. e. Septi Lucidi, cujus superior sectio in m. p. q. apparet, sectio inferior. Tab. 4. exponit in o.
g. Corporis striati dextri, cujus superiori oppositus illud inferius 1. indicat, sectio.
h. Thalami Optici dextri, cujus superiori oppositus ille s. exhibetur, sectio.
i. k. l. m. n. o. Parietis superiori ventriculorum lateralium pars, quam inferior e corporis Callosi constituit.
i. k. Spatium triangulare circumscriptum x.
i. k. Pars inferior spatii marginis posterior s. corporis Callosi.
i. i. Sectio partium lateralium hujusce marginis, & fasciarum medullarium hippocampis pedibus continuarum, quarumque sectionem oppositam Q. indicat.
k. Linea transversa s. ista margine occurrentis.
l. i. Sectio anterior fasciarum medullarium sectioni d. d. inferiori relativa. Fascia ista anteriùs adunata, posteriùs verò ab inverticem deviatam; & parti inferiori corporis Callosi adhærent, ita ut corpus Callosum in ista parte fornicem tribus columnis fulcitam efformare; & pars sub nomine fornicis veniat, ipsiusque crus anterius ab ista fascula anteriorum adunanti, crura verò posteriora l. i. ab iisdem deviantibus exurgent.
m. Commissura anterior cerebri sectio. e. inferiori sectionem oppositam denotat.
n. Striæ medullares superficiei trianguli interseccantes, unde psalterium denominatum.
o. o. Corporis Callosi pars inferior, processu X. Y. obducens, quâque fibra medullares; & per ipsam migrantes vena apparent.
p. q. Sectio Septi Lucidi, sectioni inferiori e. f. relativa.
q. Corporis Callosi margo anterior.
r. Corporis striati dextri, sectioni inferiori g. relativa sectio.
s. Thalami Optici dextri, sectioni inferiori h. relativa sectio.
t. Thalami Optici dextri, faciei laterali interna Z. thalami sinistri, relativa facies lateralis interna.
u. v. W. Sinuum ventriculorum lateralium parietes superiores.
u. Parietis superior spatii triangularis inferioris S.
v. Parietis superior Sinus posterioris ventriculorum.
W. Parietis superior Sinus anterioris istorum ventriculorum.

FIGURA SECUNDA.

Ista Figura, mediantibus variis faciei sectionibus, partem cerebri anteriorem, ductuum lacrymalium geminum situm, caveatem teris ab anterioribus ad posteriora, Sinum maxillarum antrorsum apertum, &c. repræsentat.

a. b. c. d. e. f. g. &c. Partis dextra faciei sectio.
a. Angulus sinister Labiorum.
a. b. Media pars labii superioris sinistri.
b. e. Hujusce labii sectio.

d. Marco inferior narit sinistra.
d. e. Sectio Nasi in ipsius media parte.
e. Extremitas Nasi.
e. Radix Nasi.
e. f. Horizontalis sectio partis anterioris Ossium cranii suprà super cilia.
f. f. Alia sectio verticalis Ossium cranii, juxta parietem suturæ Coronalis posterioris interceptâ, quâ media ac Ossium sublatis, cerebri anteriora conspici queunt.
Concursus parietalium Ossium in sagittali sutura.
b. Tegumentorum partium faciei lateralium sectio.
e. h. i. Septi Narium, membranasque pituitariæ illam hinc & illinc vestientis sectio. Septum istud 48. 49. 50.
i. Sectio Septi Ossis Ethmoidis.
k. Cartilaginis istum septum cum vomer coadunantis sectio.
k. Sectio Septi Nasi.
m. Sectio verticalis anterior Ossis maxillaris dextri ad sinistrum processus, juxta tertium dentem molarem.
Coronalis Ossis sectio, quâ detegantur
n. Sinus Frontalis dextri.
o. Ossis turbinosi inferioris dextri Narium, usque ad lujosice Ossis partem ductam lacrymalem ambientem, sectio.
p. p. Extremitas anterior Ossium turbinarum superiorum.
q. Extremitas anterior Ossis spongiosi seu turbinati sinistri Narium, quâ mediante pars dextri abdita assitmari pucst.
r. Cartilaginem Nasi faciei lateralis interna, qua ab extenuatæ Nasi ad partem inferiorem x. ductum lacrymalem hinc indè distincta apparet.
s. Sectio parietis Nasalis Ossis maxillaris sinistri, à parte anteriori ad posteriorem, sectioni m. in Ossis maxillaris dextri occurrens.
t. t. Fossæ Nasales recumbrana pituitaria obducta.
u. Antrum Highmori dextrum, apertum sectione Ossis maxillaris dextri, membranaque pituitaria vestientis.
u. u. x. Ductuum lacrymarum fistuma.
u. u. Ductus lacrymalis dextri, diversimodae incurvatus, inferius v. in nares, sub parte anteriori e. Ossis turbinati, apertus.
u. Pars hujus ductus superior ampliata, quamque saccum lacrymalem denominant.
x. x. Ductus minores v. tres cornua Limacum, in isto sacco concurrentes.
x. Horumce ductuum orificia in margine anteriori palpebrarum patentia, punctaque lacrymalia dicta.
Caruncula Lacrymalis cerebri.
Os Malum.
Musculus Masseter.
Portio Buccinatoris intra quam & masseterem adest adeps.
Portio ductus Stenoniani dextri.
Orificium hujusce ductus in ore per Buccinatorem circa tertium dentem molarem apertum.
Tres dentes posteriores superiores.
Dentes Molares inferiores.
Lingua.
Palatum ab anterioribus ad posteriora conspicuum, quadque Tab. 4. n°. 53. 54. indicat.
Pelum ac pendulum Palati.
Uvula.
Columnæ veli penduli Palati, inter quas adsunt tonsillae, ut videre est in Tab. 4. n°. 63. 64.
Columnæ anteriores.
Columnæ posteriores. . . . . . N. N.

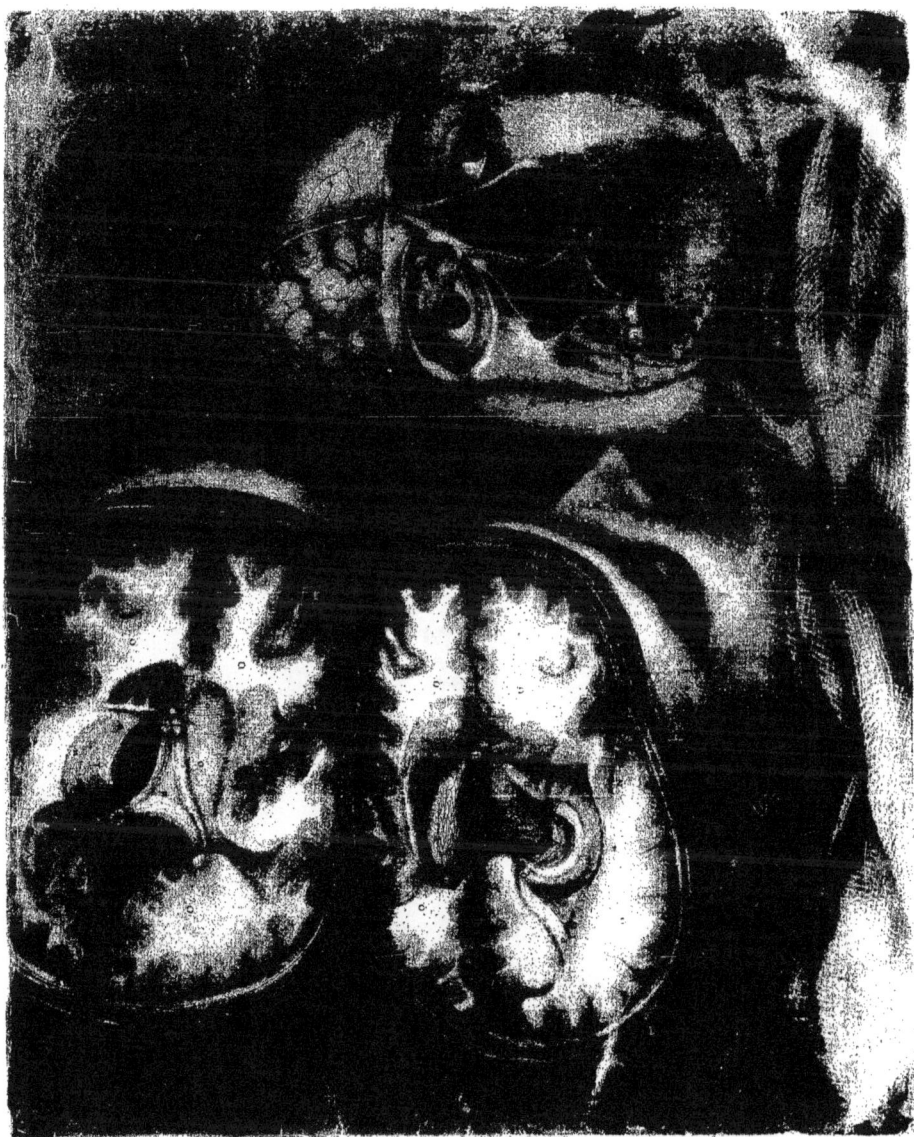

SIXIÉME PLANCHE.

FIGURE PREMIERE.

On a représenté dans cette première Figure une coupe verticale de la Tête conçue divisée par un Plan qui passeroit du sommet de la Tête par la partie postérieure des deux Oreilles, en coupant les Apophises Mastoïdes en deux, & ouverte de manière qu'on y voit une coupe verticale du Cerveau, du Cervelet, des Couches des nerfs optiques, des Cornes de Bellier, du quatrième Ventricule, la Voute à trois piliers, la Plume à écrire, &c.

A. A. La partie postérieure des Oreilles.
B. B. Coupe des Tégumens.
C. D. E. Coupe des Os du Crâne.
C. C. Coupe de la partie de l'Occipital qui forme le trou Occipital.
D. D. Coupe des Apophises Mastoïdes, desquelles on doit observer le Diploé, dont les Cellules sont plus larges que dans les autres Os du Crâne.
E. Réunion des Pariétaux dans la Suture sagitale.
F. F. Coupe des Muscles attachés à la partie inférieure de l'Occipital.
G. H. I. K. Coupe de la Dure-mere.
H. H. Les Orifices des Sinus latéraux coupés. (a)
H. I. Coupe de la Tente.
K. L. Coupe de la Faulx.
K. Orifice triangulaire du Sinus longitudinal supérieur coupé.
M. N. O. Coupe du Cerveau.
M. N. Coupe de la substance corticale qui environne de différentes façons la substance médullaire O. O.
N. N. Coupe de la Fissure de Sylvius.
O. O. Coupe du centre ovale ou de la réunion des Fibres médullaires qui viennent des différens points de la Substance corticale.
P. Coupe de la Couche optique gauche.
Q. Coupe du Corps calleux.
R. Espace gauche qui est la Coupe de la couche optique droite pour y découvrir
S. S. La partie inférieure de la Voute.
T. Intervalle qui se trouve entre la face inférieure du corps calleux & la supérieure des couches des Nerfs optiques, dans lequel le Plexus choroïde est placé.
U. V. W. LA VOUTE à trois piliers.
U. L'extrémité inférieure du pilier antérieur.
V. Coupe du pilier antérieur, dont les deux colonnes éloignées l'une de l'autre, parvenues aux parties latérales du bord postérieur du corps calleux, se coudent de derriere en devant pour passer dans le Sinus droit. Planc. 5e. T. V. Fig. 1re.
W. Coupe de ces bandes médullaires coudées sur les Cornes d'Ammon.
X. Y. LES CORNES de Bellier.
X. Origine des Cornes de Bellier du bord postérieur du corps calleux. Planc. 5e. k i. Fig. 1re.
Y. Coupe des Cornes de Bellier figurées en S. & circonscrites par la substance blanche qui recouvre ces cornes.
Z. Intervalle qui renferme ces cornes & les fait distinguer des autres parties, ou le Sinus antérieur. Planch. 4me. P. Q. R. S. Fig. 1re.
&. Partie de la face latérale interne de la coupe de la couche optique, ou du troisième Ventricule.

a. Le fond du troisième Ventricule.
b. Coupe des Naïs & des Testès.
c. La commissure postérieure du Cerveau.
d. La Glande Pinéale placée sur ces bandes c. Fig. 1re. Planc. 5me.
e. e. Coupe du petit conduit qui du troisième Ventricule aboutit au quatrième 11. Planc. 4me.
f. f. Coupe des Bandes médullaires qui du Cervelet se rendent à la moëlle allongée 5. 6. Planc. 4me.
g. LA VALVULE de Vieussens.
h. i. Coupe du Cervelet.
h. Distribution de la substance médullaire du Cervelet.
i. Disposition de la substance corticale autour de cette substance médullaire.
k. k. LES TROIS TUBERCULES qui s'observent dans la partie inférieure & moyenne du Cervelet.
l. l. Paroy postérieure du quatrième Ventricule.
m. Coupe de la Paroy antérieure du quatrième Ventricule. Voyez la coupe de ce Ventricule 11. 12. Planc. 4me.
m. n. RAINURE qui divise cette Paroy en deux parties.
n. L'extrémité inférieure de cette rainure qui avec la postérieure supérieure de la moëlle épiniere forme la plume à écrire.
o. p. q. FILLETS médullaires qui s'élèvent de la rainure de cette Paroy, & dont les supérieurs o. p. la percent, & les autres o. q. se coudent pour les parties latérales & inférieures des cuisses du Cervelet pour former la septième paire de Nerfs.
r. r. La partie postérieure de la moëlle alongée.
s. RAINURE qui distingue cette moëlle en deux parties.
t. Extrémité de cette moëlle prolongée dans le canal des Vertebres sous le nom de moëlle épiniere.

FIGURE SECONDE.

Elle représente la Tête sciée horisontalement à trois lignes environ au-dessus des Oreilles & des Sourcils, de sorte que les Os de la partie supérieure du Crâne enlevés, & la Dure-mere détruite, on voit à droite un des hémisphères du Cerveau couvert de la Pie-mere, & le gauche emporté de manière à former le centre ovale, & pour y découvrir le corps calleux.

a. LE NEZ.
b. L'OEIL.
c. L'ORREILLE.
d. d. Coupe des Tégumens.
e. e. Coupe des Os du Crâne, desquels on doit observer les diploëes épineuses.
f. f. Coupe de la Dure-mere.
g. g. h. h. i. i. x. Coupe de l'Hémisphère gauche du Cerveau.
g. g. h. h. i. i. Coupe de la Substance corticale.
g. g. Intervalle postérieur entre les deux Lobes postérieurs, lequel reçoit postérieurement le Faulx.
h. h. Intervalle entre les deux Lobes antérieurs du Cerveau, lequel reçoit antérieurement la Faulx.
i. i. Coupe de la grande Fissure de Sylvius.
k. k. LE CENTRE ovale, ou la réunion des Fibres médullaires qui viennent de tous les points de la substance corticale.
l. m. n. o. LE CORPS calleux. (b)
l. Son bord postérieur.
m. Son bord antérieur.
n. Filets transversaux qui de part & d'autre paroissent concourir

o. LE RAPHE'.
p. q. r. s. t. L'Hémisphere droit du Cerveau couvert de la Pie-mere à travers laquelle se voyent tous les vaisseaux sanguins qui partent du Cerveau & qui y aboutissent.
p. q. r. s. Sa face latérale externe convexe.
p. p. Ses circonvolutions.
q. Les communications de toutes les veines de cette face, qui aboutissent toutes dans le Sinus longitudinal supérieur.
r. r. Les troncs de ces veines ouvertes dans le Sinus longitudinal. f. g. h. Planc. 4me.
s. s. Les Glandes de Pacchioni.
t. t. u. u. La face latérale interne de cet Hémisphère.
t. t. Ses circonvolutions.
u. u. Les communications de toutes les veines de cette face entre elles, lesquelles aboutissent toutes dans les troncs r. r. pour se vuider dans les Sinus longitudinal.

FIGURE TROISIÉME.

Elle représente une coupe de la Tête à peu près semblable à la précédente, dans laquelle on a enlevé les Lobes postérieurs du Cerveau pour découvrir la tente couchée du côté gauche, pour y faire voir la face supérieure du Cervelet, à la partie supérieure duquel on voit les Testès, les Natès, la Glande Pincale, &c. en situation.

1. 1. Les Oreilles.
2. La coupe des Tégumens.
3. 4. La coupe des Os du Crâne.
4. Coupe de la partie supérieure de la Tubérosité interne de l'Occipital.
5. 6. 7. 8. 9. Coupe de la Dure-mere.
6. Coupe de l'extrémité inférieure du Sinus longitudinal supérieur.
7. Coupe du Sinus droit qui s'ouvre dans
8. 8. LE SINUS latéral gauche ouvert.
9. 9. LE SINUS pétreux supérieur.
10. 10. Partie de la Dure-mere qui recouvre la face supérieure du Rocher.
11. 11. Portion droite de la Tente dans laquelle on doit observer la direction des différentes Fibres qui la composent.
12. 12. Coupe de la Tente.
13. ARC CIRCULAIRE que la Tente forme autour de la partie supérieure du Cervelet.
14. 14. Coupes des Lobes postérieurs du Cerveau.
15. 15. 16. 17. 18. La face supérieure du Cervelet.
15. 15. Les rayons qui amènent cette face.
16. 16. Les Veines répandues sur cette face.
17. Les circonvolutions du Cervelet qui paroissent comme autant de cercles concentriques.
18. L'ÉMINENCE vermiculaire.
19. LES CUISSES du Cervelet.
20. LES CUISSES du Cerveau.
21. LA VALVULE de Vieussens.
22. LES NATES.
23. LES TESTES, voyez en la coupe 2. 3. Planch. 4me. A. B. B. Fig. 1re. de cette Planche.
24. LA GLANDE PINEALE 1. Planc. 4me. d. Fig. 1re. de cette Planche.
La quatrième paire de Nerfs qui prend son origine antérieure & postérieure des cuisses du Cervelet.

(a) Un Anatomiste moderne a voulu déduire du plus de capacité du Sinus latéral droit par comparaison avec celle du gauche, pour l'usage de la saignée de la Jugulaire. Voyez ces Sinus Planch. 7. Fig. 2re. M M. leur coupe en H H. Fig. 1re de cette Planche, & un de ces Sinus ouvers en 8. 8. Fig. 3. de cette même Planche. On observe à la vérité, dans presque tous les Sujets, que le Sinus latéral droit est plus grand que le gauche ; mais il ne s'ensuit pas de-là que le Sinus de la Jugulaire de ce côté soit plus grande que de l'autre ; en effet il arrive souvent que les trois Condilidions & les Mastoïdiens postérieurs qui s'ouvrent dans ces Sinus ne se trouvent que du côté droit : le Sinus droit a donc dans ce cas deux voyes de décharge de plus que le gauche, & par conséquent il passera moins de Sang de ce Sinus dans la Jugulaire droite ; la fosse de cette veine fera donc alors naturellement plus petite ; ce qui arrive effectivement. Quelquefois la fosse du côté droit est plus petite qu'à gauche, quoique les trous Mastoïdiens & Condyloïdiens postérieurs ne se rencontrent que du côté gauche. D'autrefois le contraire s'observe du côté droit : en un mot ces différences sont si peu constantes, qu'elles paroissent uniquement dépendre du développement des Os & des différentes attitudes de la Tête pendant son développement.
On sçait en général que ces trous & ces fosses de la Jugulaire sont plus ou moins grands dans divers Sujets ; mais je les ai trouvé si petits dans un Sujet dont l'Occipital paroissoit avoir été pressé de dehors en dedans, de la partie postérieure latérale gauche à la partie antérieure ; & dans d'autres cette fosse me parut si grande du côté gauche, en comparaison au côté droit, que je crûs devoir uniquement attribuer cette variété à l'espèce d'écroulement qu'avoit soufert la partie postérieure & supérieure de l'Occipital, écroulement plus sensible du côté gauche, & qui faisoit former à cet Os vers la partie postérieure de la Tête, une bosse contre nature.
Cette différence si peu variétés entre les parties du côté droit & du côté gauche, ne donnent donc aucun lieu d'en déduire quelque différence entre la Saignée qu'on fait à la Jugulaire droite & celle qu'on fait à la gauche ; car pour cet effet, non-seulement on devroit être bien assuré de quel côté se trouve la variété, afin de pouvoir déterminer le lieu de la Saignée, mais encore il faudroit avoir prouvé que le Sang se meut plus vîte dans une des Jugulaires que dans l'autre : d'ailleurs la Saignée se pratique ordinairement à la Jugulaire externe ; mais il y a un grand nombre de variétés dans les communications de la Jugulaire externe avec la Jugulaire interne ; en effet la Jugulaire interne du côté droit, quoique plus grosse que celle du côté gauche, n'a quelquefois pas des communications si marquées que la Jugulaire interne gauche avec l'externe du même côté ; la Jugulaire inverne droite, se grossit alors autant par le sang des parties externes de la Tête que par celui de la partie interne ; le contraire s'observe aussi du côté gauche. Enfin différentes autres circonstances, dont le détail seroit ennuyeux, prouvent évidemment que cette sigularité ne peut influer en rien sur la préférence de la Saignée à la Jugulaire droite à celle de la gauche.

(b) Vieussens, Lancisi, &c. plaçoient l'imagination, la mémoire, les sens commun, dans certaines parties du Cerveau ; la perception dans les Corps Cannelés, l'imagination, en effet la Corps Calleux, les passions dans la Protubérance Annullaire, l'instinct dans les Nates. C'est ainsi que Descartes plaçoit l'ame dans la Glande Pincale, Lancisi dans le Corps Calleux, parce qu'ils pensoient que toutes ces sensations concouroient plus dans cet endroit que par-tout ailleurs : mais ces opinions sont d'autant moins bien fondées que l'Anatomie nous fait voir que les Fibres Médullaires ne concourent pas toutes dans aucune de ces parties, & que d'ailleurs elles ne sont appuyées d'aucune bonne expérience.

TABULA SEXTA.

FIGURA PRIMA.

Sectionem capitis Verticalem, abscissa Vertice ad Aurium partes posteriores, exhibet illa figura; & sic apertam ut sectionem cerebri, cerebelli, thalamorum Opticorum, Hippocamporum, ventriculi quarti, verticalem repraesentet, nec non & fornicem, columnam scriptorium, &c.

A. A. Pars Aurium posterior.
B. B. Tegumentorum sectio.
C. D. E. Ossium Cranii sectio.
C. C. Partis Occipitalis perforatae, seu foraminis Occipitalis sectio.
D. D. Processuum Maftoideorum, quorum substantia spongiosa non ita compacta ut in caeteris Cranii ossibus, sectio.
E. Parietalium ossium in Suturam sagittalem concursus.
F. F. Cranium parti Occipitalis inferiori adhaerentium sectio.
G. H. I. K. Durae-meningis sectio.
H. H. Orificia sinuum lateralium sectorum.
H. I. Tentorii sectio.
K. L. Durae-meningis sectio.
K. Lumen triangulare Sinus longitudinalis superioris sectio.
M. N. O. Cerebri sectio.
M. N. Substantiae Corticalis diversimodè Substantiam medullarem O. O. ambientis punctis rubentibus pictam sectio. (a)
N. N. Fissura Sylvii sectio.
O. O. Centri ovalis, seu Fibrarum medullarium undique à substantia corticali concurrentium sectio.
P. Thalami optici finistri sectio.
Q. Corporis callosi sectio.
R. Vactuum à fublato thalamo dextro ut appareant
S. S. Pars corporis callosi inferior.
T. Intervallum intra corporis callosi partem inferiorem & thalamorum opticorum superiorem, inquo situs est plexus choroideus.
U. V. W. Fornix.
U. Extremitas anterior fornicis.
V. Sectio cruris anterioris, cujus columnarum medullares, exquibus exurgit, abinvicem deviantes versus corporis callosi marginem posteriorem, sese à posterioribus ad anteriora inflectunt, quo sinum anteriorem fubeunt vid. Tab. 5, T. U, Fig. 1a. (b)
W. Harum columnarum, seu crurum posteriorum fornicis supra partem lateralem intervallum concavam Hippocamporum inflexarum, sectio.
X. Pedum Hippocamporum à corporis callosi margine posteriori, Tab. 5a. & i. Fig. 1a. origo.
X. Y. Pedes Hippocampi.
Y. Hippocamporum ad S figuram accedens, medullarique substantia Hippocampos ambiente circumscripta sectio.
Z. Intervallum Hippocampos comprehendens, seu Sinus anterior, Tab. 5a. P, Q, R, S, Fig. 1a.
&c. Pars superficiei lateralis internae sectionis thalami optici dextri, seu tertii Ventriculi.
a.l Ventriculi tertii ima.

b. Eminentiae dictae *Nates* & *Testes* sectae.
c. Cerebri commissura posterior.
d. Glandula Pinealis huic commissurae incumbens, C. Fig. 1a. Tab. 3a.
e. e. Aquae ductus Sylvii à Ventriculo tertio inquartum abeuntis 11. Tab. 4a. sectio.
f. f. Fasciarum medullarium à cerebello in medullam oblongatam 43. Tab. 4a. sectio.
g. Valvula major cerebri.
h. Cerebelli sectio.
h. Substantiae medullaris in cerebellum distributio.
i. Substantiae corticalis circa medullorem dispositio.
x. x. Tria Tubercula inparte cerebelli media & inferiori obvia.
l. l. Ventriculi quarti paries posterior.
m. n. o. p. q. Ventriculi quarti paries anterior. Hujus Ventriculi sectionem vid. in 11, 12. Tab. 4a. (c)
m. n. Hunc parietem bisecans rima.
n. Hujus rimae in partem medullae spinalis posteriorem abeuntis, calamumque scriptorium efformantis extremitas inferior.
o. p. q. Fibrae medullares ex illa exurgentes rimâ, quarumque posteriores o. p. parietem perforant, aliae vere o. q. partes laterales & inferiores crurum cerebelli decussantes ad septimum nervum concurrunt.
r. r. Medullae oblongatae pars posterior.
s. Medullam istam bisecans rima.
t. Hujus medullae in Vertebrarum canalem sub nomine spinalis abeuntis, extremitas.

FIGURA SECUNDA.

Caput horisontaliter scissum tribus lineis circiter supra aures & superciliis repraesentat, ita ut partis superioris Cranii Ossibus sublatis, ablataque Dura-meninge, hemisphaerium cerebri dextrum pia-meninge vasis ab ipsa sulcis tectum, sinistrumque sic sectum, ut centrum ovale & corpus callosum appareant.

a. Nasus.
b. Oculus.
c. Auris.
d. d. Tegumentorum sectio.
e. e. Ossium Cranii, quorum diversa observaro est crassities, sectio.
f. f. Durae-meningis sectio.
g. g. h. i. i. Hemisphaerii sinistri cerebri sectio.
g. h. i. Substantiae corticalis sectio.
g. g. Intervallum posterius intra posteriores cerebri Lobos falcem admittens.
h. h. Interstitium intra cerebri Lobos anteriores falcem recipiens.
i. i. Fissurae Sylvii sectio.
k. k. Centri ovalis, aut Fibrarum medullarium undique à corticali substantia concurrentium sectio.
l. m. n. o. Corpus callosum.
l. Ipsius margo posterior.

m. Ipsius margo anterior.
n. Lineae transversales hinc & illinc concurrentes infra
o. Raphe.
p. q. r. s. t. Hemisphaerium cerebri dextrum, piâ meningo vasis Sanguineis ipsum irrigantibus pictâ, coopertum.
p. q. r. s. Hujus hemisphaerii facies lateralis externa convexa.
p. p. Ipsius circumvolutiones.
q. Hujus faciei venarum anaftomosis.
r. r. Harumce venarum trunci in sinum longitudinalem. s. g. h. Tab. 4a. aperti.
s. s. Glandulae Pacchioni.
t. u. u. Hujus hemisphaerii facies interna.
t. t. Ipsius circonvolutiones.
u. u. Omnium venarum in truncos r. r. abeuntium anaftomosis.

FIGURA TERTIA.

Sectionem capitis Verticalem, ferè ut in praecedenti figura, exhibet: in eaque Lobi posteriores cerebri sectis, quo detegerentur tentorium sinistrorsum sectum, ut cerebelli pars superior appareat, in insusque apice, Nates, Testes, Glandula Pinealis, &c. in situ naturali.

1. 1. Aures.
2. 2. Tegumentorum sectio.
3. 4. Ossium Cranii sectio.
4. Partis superioris tuberculi interni Occipitalis sectio.
5. 6. 7. 8. 9. Durae-meningis sectio.
6. Extremitatis inferioris Sinus longitudinalis superioris sectio.
7. Sectio Sinus dextri abeuntis in
8. 8. Sinum lateralem finistrum apertum.
9. 9. Sinus petrofus inferior.
10. 10. Pars superior Durae-meningis processfus petrofi partem superiorem obducens.
11. 11. Tentorii pars dextra in qua varia fibrarum illam componentium directio apparet.
12. 12. Tentorii sectio.
13. Arcus circularis Tentorii circa cerebelli partem superiorem.
14. 14. Loborum posteriorum cerebri sectio.
15. 15. 16. 17. 18. Facies superior cerebelli.
15. 15. Arteriae istam superficiem irrigantes.
16. 16. Venae Taper illam ludentes.
17. Cerebelli circumvolutiones adinstar circulorum concentricorum dispositae.
18. Vermicularis processfus cerebelli.
19. Crura cerebelli.
20. Crura cerebri.
21. Valvula Vieussenii.
22. Cerebri sectio.
23. Testes quorum sectionem 2, 3. Tab. 4a. & b. b. Fig. 1a. hujus Tab. exhibent.
24. Glandula Pinealis 1. Tab. 4a. & d. Fig. 1a. hujus Tab.
25. Quartum par nervorum cerebri. (d)

(a) Licet injectiones tenuissimas per carotidum arteriarum internarum truncos multoties tentaverim, istae mihi nunquam ita bene cessere ut tota corticalis substantia rubra apparerer: Attamen hasce in cerebri venas migrantes vidi; ita ut illarum venarum extremitates turgidiores, punctaq; Rubentia illas injectiones evenentia, me non a simibus, quod saepe evenit, in venas abisse docuerint.

Eâ allubui fortunâ, incassum rem in posterum tentavi, eoq; mihi substantiarum cerebri structuram evolvere mihi minùs bene cessit: ad aliud idcirco experimentum confugi. Cerebrum compactius quoddam elegi: illud piâ-matre paulatim denudavi; dein cucurbitâ &c. Balneo maris, quo pars stuidior abiret, exposui; massam siccam inde extraxi. Diversimode substantiam tum corticalem tum medullarem dilaceravi, plurimasq; corticalis mihi ubiquè explurimis striis simul compactis, & circa substantiam medullarem ad instar encunssi dentium circa ipsorum partem osteam vidi; ita tamen ut tota medullaris substantia fibrosa una, fibris suis corticalis substantiae striis videretur continua. Hac autem non satis repetito experimento expertus, ut fibrarum medullarium directionem ausim assignare.

(b) Illas columnas anterius rimula semper distinctas video; quin imò illas ab processfu orbiculares, sese ab anterioribus ad posteriora inflectendo, descendentes detexi, quasi ab hisce processfibus exurgentem.

(c) Nuper in cadavere comate extincto sese in n. o. sphaerulae racematim adunatae, tenui constantes membrana, humore tenui, pellucido, coagulabili distente, huicq; parti maximè adhaerentes, obtulere.

Nos Ventriculi quarti duabus Sectionibus f, g, h, i, k, l, m, n, o, p, in 1â hujus Tabulae Figurâ & in 15, 16, 17, 19, 20, 21, 22, Tab. 4a. repraesentasse ne miremini; cum nemini illius Ventriculi genuinam dare Figuram benè cesserit. Nam nobis felicits? in arte versatissimis dijudicandum relinquimus. Eustachii, Willis, Vieussenii, Ridley, Heister, Lieutaud, clarissimi aliiquia viri, ipsius delineationem tentasse videntur. Minimeq; Heisterum iis annumerassemus, ni famigeratissimus ceteroquin Anatomicus, nos nostram ex illius anatricis icone iconem excerpisse insumulasset: cum praecipuè eu elegantissimis Heisteri tùm dictis, tùm iconibus, ab ipso tantum substantiae medullaris cerebelli distributionem exhibere, susceptum fuisse appareat: cum Aliunde nostram ab ipsius differre, omnibusq; nostris cerebri iconibus ex Cadaverum sectionibus unicè excerptis, nova nos in delineando cerebro institisse via, propalam sit; minimè, ut sancte consitemur, quo ab iis, qui hanc spartam ornare conati sunt, auctoribus recedeverum; tantùm verò quo, iconum pauciori numero possibili, omnium cerebri partium genuinorum situm, figurarum, relationum ideam subministraremus. Quartum igitur Ventriculum, quos ex duobus conis truncatis, ad invicem baseos plano applicatis exurgent, quadrangularis videtur; anguli nempe duobus lateralibus media parietum lateralium parti h. h. insculpsi, angulo superiori acuto truncato m. c. in Aqueductu abeunte; inferiori verò etiam acuto in rimulam spinae medullaris descendente. Hujus Ventriculi parietem anteriorem medullae oblongatae pars posterior, Valvulâ major cerebri, tùm processfuum vermiformium partes superiores anteriores parietem oppositum, laterales tandem pedunculi cerebelli constituunt. Cetera satis patent ex iconibus: notandum tamen fila o. p. & o q. non nobis constanter eadem numero obvia fuisse. Est ubi tres tantùm adsunt; inferiora nihilominis constantiora afferere possimus. Inferiora autem hujus Ventriculi patere, seu tantùm Arachnoidea cooperiri, cuicunque Figurâ 2â. Tabulae 7a. in 2a. y, zz. manifestum erit.

(d) Illud ubiq; a cerebelli pedunculorum parte superiori posteriori ortum ducens, vidimus. Quin-imo ipsum quandoq; usq; ad cebelli corticalem substantiaeullos ambientem pedunculos, fumus profecuti.

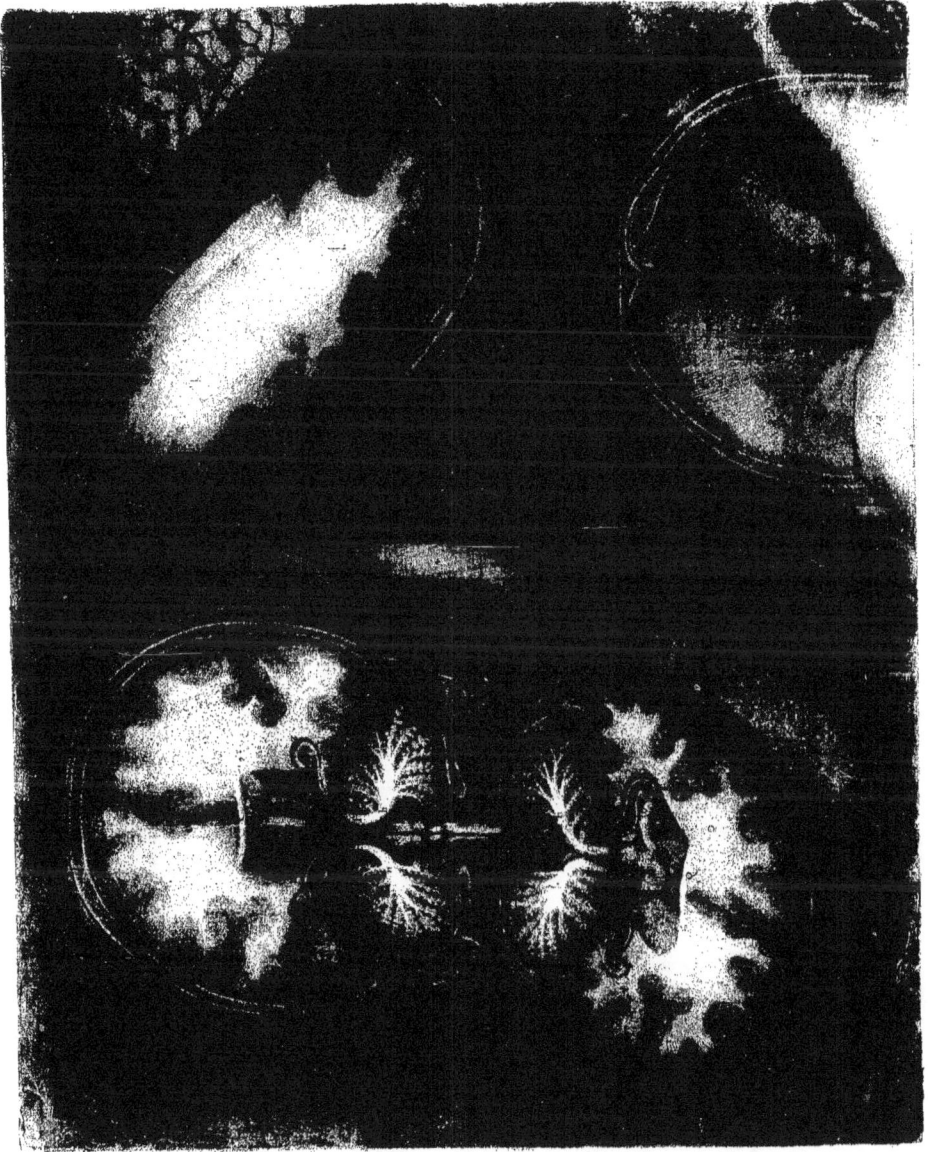

SEPTIÉME PLANCHE.

FIGURE PREMIÈRE.

On a voulu repréfenter la furface de la Langue.

A. B. C. D. E. F. G. H. La furface de la Langue.
A. A. L'extrémité des grandes cornes de l'Os hyoïde.
B. B. Les bords latéraux de la Langue.
C. Sa pointe.
D. Sa racine.
E. E. Les petits Sinus muqueux qui s'obfervent à la partie poftérieure de la Langue.
F. Un trou qui ne fe rencontre point dans tous les fujets.
G. G. Quelques papilles nerveufes les plus groffes de la Langue, qui ont la figure d'un Champignon & font percées dans leur fommet d'un petit trou.
H. H. Les deux autres genres des papilles nerveufes qui s'obfervent fur la Langue.
I. L'ÉPIGLOTTE.
K. K. K. Les trois ligamens que la membrane qui tapiffe la Langue & l'Epiglotte forme entre l'Epiglotte & la partie poftérieure de la Langue. Voyez la coupe de la Langue, planche 4me 66. 67. 68. 69.

FIGURE SECONDE.

Elle repréfente une coupe verticale de la Tête, du fommet vers les Apophifes Maftoïdes, & du Col le long des Apophifes tranfverfes. On a enlevé les Tégumens, les Os, une partie de la Dure-mere & de la Pie-mere, pour y découvrir poftérieurement le Cerveau, le Cervelet, le commencement de la Moëlle Epiniere, les Nerfs qui en partent & les Vaiffeaux qui arrofent toutes ces parties.

A. A. Le bord poftérieur des Oreilles.
B. B. Coupe des Tégumens.
C. C. Coupe des Mufcles.
D. E. Coupe des Os du Crâne.
D. Coupe des Apophifes Maftoïdes, repréfentée planche 6me D. D. fig. 1re.
E. Coupe de la Suture fagitale.
F. G. H. I. Coupe des Vertébres par leur Apophife tranfverfes.
F. F. Coupe des Apophifes tranfverfes de la première Vertébre, dont on a confervé à droite le trou, pour faire voir comment l'artere s'y infinue.
G. G. Coupe des Apophifes tranfverfes de la feconde.
H. H. Coupe des Apophifes tranfverfes de la troifième.
I. I. Coupe des Apophifes tranfverfes de la quatrième.
K. Coupe du corps de cette Vertébre.
L. M. N. O. Coupe de la Dure-mere.
L. L. Coupe de la Dure-mere enlevée pour découvrir la Moëlle épiniere & le Cervelet.
M. M. Les Sinus latéraux, repréfentés ouverts, planche 6me 8. 8. fig. 3me.
N. O. La partie poftérieure du Sinus longitudinal fupérieur repréfenté ouvert, planche 4me f. g. h. j.
P. P. Portion de la Dure-mere coupée le long du Sinus longitudinal N. O. & des Sinus latéraux M. M. & tiré de côté pour y découvrir le Cerveau.
Q. R. Le Cerveau vû poftérieurement, couvert à gauche de la Pie-mere garnie des arteres qui fe rendent au Cerveau & des veines qui en rapportent le fang. On a enlevé cette membrane à droite pour y faire fentir les différentes circonvolutions du Cerveau.
S. T. U. V. W. Les Veines qui s'obfervent à la partie poftérieure du Cerveau.
S. T. U. Les Veines conflantes les plus confidérables qui fe vuident dans le Sinus longitudinal fupérieur.
V. La Veine la plus confidérable qui fe vuide dans le Sinus latéraux.
W. D'autres petites Veines moins conflantes qui fe vuident auffi dans ces Sinus.
X. Y. Z. Le Cervelet vû poftérieurement, couvert de la Pie-mere garnie des vaiffeaux qui fe rendent au Cervelet, & de ceux qui en rapportent le fang.
Y. Z. Les trois Tubercules, repréfentés planche 6me K. K. fig. 1re.
Y. La partie poftérieure de l'Eminence vermiculaire, repréfentée planche 6me 18. 18. fig. 3me.
Z. Z. Les deux autres Tubercules, ou les éminences vermiculaires inférieures.
a. a. Une partie de l'Arachnoïde coupée pour décou-

vrir ces Tubercules & la Moëlle épiniere.
b. c. La partie poftérieure de la Moëlle épiniere.
c. La Moëlle épiniere.
d. e. f. g. h. i. k. l. Les Nerfs qui partent de la partie fupérieure de la Moëlle épiniere, qui font tous à leur fortie par les Vertébres compofés de deux cordons, defquels l'un eft formé par le concours des filets qui partent de la partie poftérieure de la Moëlle épiniere, comme on le voit en i; & l'autre par le concours des filets qui viennent de la partie antérieure, comme on le voit en k.
d. d. La dixième paire de Nerfs du Cerveau.
f. La première paire de Nerfs Cervicaux.
g. La troifième.
h. h. Les Tumeurs naturelles ou les Ganglions qui s'obfervent dans tous les Nerfs vertébraux à leur paffage par les trous vertébraux, couverts à droite de la Dure-mere & à gauche de la Pie-mere.
j. Le Cordon poftérieur de ces Nerfs dégagé du cordon antérieur k. pour y faire voir la Tumeur formée par le feul gonflement des fibres du cordon poftérieur.
k. Le cordon antérieur.
l. l. Le nerf spinal ou l'acceffoire de Willis, repréfenté détaché 22. 23. planche 4me.
n. o. p. q. r. L'Artere Vertébrale.
n. Le conde de cette Artere entre l'Occipital & la première Vertébre.
o. Le conde de cette Artere entre la première & la feconde Vertébre.
P. P. Les Rameaux de cette Artere qui fortent par les trous vertébraux.
q. Coupe de cette Artere.
r. Rameau que cette Artere jette poftérieurement au Cerveau.
s. s. Diftribution de ces Rameaux à la face poftérieure du Cervelet.
t. t. Les deux petites Arteres fpinales poftérieures que ces Rameaux jettent à la face poftérieure de la Moëlle épiniere.

FIGURE TROISIEME.

On voit dans cette Figure la partie latérale interne des Narines garnie de fes cornets. (a)

A A. Repréfente les mêmes parties qu'on peut voir mieux détaillées en M. N. k. l. m. n. o. 53. 54. 55. planche 4me.
B. B. Coupe des Os du Crâne, defquels on voit une partie de la face interne.
C. D. E. La partie fupérieure du Pharinx.
D. L'Orifice de la trompe d'Euftache, qui répond à la partie poftérieure & inférieure du cornet inférieur des Narines.
E. Les petits Sinus muqueux, qui s'obfervent le long du bord poftérieur de cet Orifice.
F. Coupe de l'Apophife bafilaire de l'Occipital.
G. H. Coupe de l'Os fphénoïde.
G. Coupe du Sinus Sphénoïdal de ce côté.
H. H. Coupe de la foffe pituitaire.
K. Coupe du Sinus frontal de ce côté.
L. L. Coupe de l'Os ethmoïde.
M. Le Cornet fupérieur des Narines.
N. Le petit cornet fitué fur la partie poftérieure du cornet M.
O. O. La Cornet inférieur des Narines.
P. P. La Face latérale interne des aîles du Nez.

FIGURE QUATRIEME.

Cette Figure repréfente la Tête fciée verticalement, de la partie antérieure & poftérieure, & dont on a enlevé les Tégumens, les Os & la Dure-mere, de maniere qu'on y voit la face latérale du Cerveau & du Cervelet couverts de la Pie-mere garnie de leurs vaiffeaux, les Cornes d'Ammon, le Plexus Choroïde, la partie latérale des Narines, de laquelle on a détruit les cornets pour y découvrir le conduit des Larmes, &c.

A. A. Coupe des Tégumens.
B. B. Coupe des Os du Crâne.
C. C. Coupe de la première Vertébre.

D. Coupe de l'Apophife odontoïde de la feconde.
E. Coupe du corps de cette Vertébre.
F. Coupe de l'Os du Palais.
G. Coupe de l'Os maxillaire.
H. Coupe d'un petit conduit, par le moyen duquel la membrane qui tapiffe la partie inférieure des Narines eft unie avec celle qui tapiffe le Palais.
I. Les Rudes du Palais.
K. Coupe du voile du Palais.
L. Les Dents.
M. Le Pharinx.
N. L'Orifice de la trompe d'Euftache.
O. Le Bec offeux de l'Os fphénoïde. Voyez toutes ces parties, planche 4me B. C. D. E. F. S. T. U. V. W. X. Y. Z. a. b. c. d. e. f. g. h. i. k. l. m. n. o. 42. 43. 53. 54. 55. où elles font repréfentées dans un plus grand détail.
P. P. Coupe du cornet inférieur du nez.
Q. Le petit cornet fitué à la partie poftérieure du cornet fupérieur des Narines, repréfenté en V. fig. 3me.
R. Endroit d'où l'on a détaché le cornet fupérieur des Narines.
S. S. Coupe de l'Os ethmoïde.
T. L'Orifice qui répond à la partie fupérieure du petit Cornet Q. & par lequel le Mucus des Sinus fphénoïdaux repréfentés ouverts en G. fig. 3me, paffe dans les Narines.
U. Petit cornet qui fe rencontre fous la partie antérieure du cornet fupérieur des Narines, & au-deffus duquel on obferve
u. un trou par lequel le mucus des Sinus de l'Os ethmoïde tombe dans le Nez.
W. Le petit conduit qui aboutit dans les Sinus maxillaires & dans les Sinus fronteaux, repréfentés en K. fig. 3me & en x. x. fig. 2de de la planche 5me.
X. Y. Le Conduit des larmes, dont on voit la courbure repréfentée planche 5me fig. 2de V. W.
Y. Orifice de ce conduit au-deffous de la partie antérieure du cornet inférieur des Narines.
Z. La Face latérale interne des aîles du nez, repréfentée en P. fig. 3me.
a. b. c. d. La Face latérale externe & convexe du Cerveau.
a. a. Le Lobe antérieur.
b. b. Le Lobe moyen.
c. c. Le Lobe poftérieur.
d. d. Coupe triangulaire faite dans le Lobe moyen & dans le Lobe poftérieur pour découvrir
e. f. Les Cornes de Bellier couvertes du Plexus choroïde, & repréfentées en Q. R. planche 5me fig. 1re.
e. Le bord poftérieur du corps calleux continu à ces cornes.
f. L'extrémité antérieure de ces cornes.
g. Les Eminences qui s'obfervent fur les parties latérales internes des Sinus poftérieurs des Ventricules latéraux, repréfentées en P. Q. fig. 1re, planche 5me, qui font quelquefois couvertes du Plexus choroïde.
h. h. La grande Fiffure de Sylvius, dans laquelle s'infinuent
i. Tous les Rameaux de la branche principale de la Carotide interne, pour fe diftribuer à toute la furface convexe du Cerveau.
k. k. Les Veines qui rampent fur cette Fiffure pour fe rendre dans les Sinus tranfverfes de l'Os fphénoïde.
l. l. Les Veines qui s'ouvrent dans le Sinus longitudinal fupérieur, dont on a repréfenté les Orifices en h. h. planche 4me & defquelles on doit obferver toutes les communications.
m. Veine repréfentée en V. fig. 1re.
n. Autres veines qui fe rendent dans les Sinus poftérieurs fupérieurs.
o. La Face latérale convexe du Cervelet couverte de la Pie-mere garnie des Arteres qui s'y rendent, & des Veines qui en reviennent.
p. q. La fin de la Moëlle allongée.
q. Eminence oliveire de ce côté.
r. s. Coupe de cette Moëlle.
r. s. L'Artere vertébrale.
f. Coupe de cette Artere.
t. Branche de cette Artere qui fe diftribue à la face latérale externe du Cervelet.
t. Cette Artere qui monte vers la protubérance annulaire pour s'unir avec celle du côté oppofé, & fe former l'Artere bafilaire, repréfentée planche 4me, 13. & 14.
u. Coupe de la Dure-mere.

(a) Il paroît que les Auteurs fe font plus appliqués à donner des figures des vaiffeaux, des finus muqueux, &c. des narines, qu'à en indiquer la vraie ftructure : nous avons donc jugé à propos de les multiplier, pour exprimer dans un plus grand détail les parties qui s'y obfervent. La relation de ce qui eft arrivé à M. le Chevalier de Feuquerolle, à la Bataille de Ramilly, & un grand nombre d'autres exemples de narines traverfées d'une joue à l'autre par un coup de balle, prouvent que les bleffures de ces parties, quoique formidables en apparences, fe guériffent d'autant plus facilement que la nature fait tout en ce cas : moins myftérieufe ou moins diffimulée que d'ordinaire, elle nous indique affez par le mucus dont ces parties font continuellement arrofées, les moyens dont elle fe fert pour en procurer la guérifon.

TABULA SEPTIMA.

FIGURA PRIMA.

Exhibet superficiem Linguæ.

A. B. C. D. E. F. G. H. *Linguæ superficies.*
A. A. *Cornuum majorum Ossis hyoydis extremitas.*
B. B. *Margines laterales Linguæ.*
C. *Ipsius apex.*
D. *Ipsius radix.*
E. E. *Sinuli inæqusti in parte posteriori Linguæ siti.*
F. *Foramen cæcum una constans.*
G. G. *Papillæ majores Linguæ Fungi-formes, in apice præsertim.*
H. H. *Papillarum nervosarum in Lingua superficie obviarum duo alia genera.*
I. *Epiglottis.*
K. K. K. *Tria ligamenta à membrana linguam Epiglottidemq; obducente, intra Epiglottideim & Linguæ radicem efformata. Vid. sectionem Linguæ, tab. 4ᵃ 66. 67. 68. 69.*

FIGURA SECUNDA.

Sectionem Capitis verticalem à vertice versus Processus Mastoideos, & Colli juxta Vertebrarum Processus transversos repræsentat; sublatis Tegumentis, Ossibus, Dura & Pia-meninge quo posteriora, Cerebrum, Cerebellum, Medullæ spinalis superiora, Nervi ab ista fluentes, vasaque hasce partes irrigantia detegerentur.

A. A. *Margo posterior Aurium.*
B. B. *Tegumentorum sectio.*
C. C. *Masculorum sectio.*
D. E. *Ossium Cranii sectio.*
D. *Processum Mastoideorum, ut videre est tab. 3ᵃ fig. 1ᵃ. D. D. sectio.*
E. *Suturæ sagittalis sectio.*
F. G. H. I. *Vertebrarum superiorum Colli , juxta Processus ipsarum transversos , sectio.*
F. F. *Processuum transversorum prima Vertebræ sectio.*
G. G. *Processuum transversorum secunda sectio.*
H. H. *Processuum transversorum tertia sectio.*
I. I. *Processuum transversorum quarta sectio.*
K. *Corporis hujus Vertebræ sectio.*
L. M. N. O. *Duræ-meningis sectio.*
L. M. *Duræ-meningis , qua Medullæ spinalis & Cerebellum detegerentur , sublatæ fragmenta.*
M. M. *Sinus lateralis in tab. 6ᵃ. 8. 8. fig. 3ᵃ aperti.*
N. O. *Sinus longitudinalis superioris in tabula quartâ f. g. h. i. aperti pars posterior.*
P. P. *Duræ-meningis portio circa Sinum longitudinalem N. O. Sinus lateralis M. M. sectæ , sinistrae usum avertit , quo detegeretur Cerebrum.*
Q. R. *Cerebri posterioris sinistrorsum Pia-mentre arteriis ipsa adnantibus, Venisque ab ipsis exeuntibus percursum obductum. Dextrorsum sublata est ista membrana , quo exactius Cerebri ausfultus pateret.*
S. T. U. V. W. *Venæ posteriores Cerebri.*
S. T. U. *Venæ constantes majores Sinum longitudinalem adnantes.*
U. *Vena major in Sinus laterales huius.*
V. *Aliæ Venæ minores , minus confluentes , sese in eosdem Sinus evacuantes.*
X. Y. Z. *Cerebelli posterioris obducta Pia-meninge vasis ab ipsa sultis pilds.*
Y. Z. *Tria Tubercula in tab. 5ᵃ. K. K. fig. 1ᵃ. exhibita.*
Y. *Eminentiæ vermicularis superioris in tab. 6ᵃ. 18. 18. fig. 3ᵃ repræsentatæ pars posterior.*
Z. Z. *Alii duo processus vermiculares inferiores. (a)*

a. a. *Arachnoydea , quo ista Tubercula Medullaque spinalis detegerentur , destructæ portio. (b)*
b. c. *Medullæ spinalis pars posterior.*
c. *Medullæ spinalis sectio.*
d. e. f. g. h. i. k. l. *Nervi à Medulla spinali fluentes , quique versas Vertebrarum foramina ex duobus exeunt fasciculis , quorum ex filis à Medulla spinalis parte posteriori ortis , ut videre est in i. exurgit unus ; alter vero ex filis ex parte anteriori procedentibus , ut adest in k.*
d. d. *Decimum Nervorum par Cerebri.*
e. *Prima Nervorum Cervicalium conjugatio.*
f. *Secunda.*
g. *Tertia.*
h. h. *Tumores Naturales , seu Ganglia in omnibus Nervorum Vertebralium per ipsarum foramina migrantium conjugationibus obvia , dextrorsum Dura , sinistrorsum vero Pia-meninge obductis. (c)*
i. *Fasciculus posterior ob anteriori k. separatus , quo Tumor ab ipsissectissum componentibus filis tumefactis conspicuus appareat.*
k. *Fasciculus anterior.*
l. l. *Nervus spinalis.*
n. o. p. q. r. *Arteria Vertebralis.*
n. *Hujus Arteria inter Os Occipitale & primam Vertebram inflectio.*
o. *Hujus Arteria intra primam & secundam Vertebram inflectio.*
p. p. *Hujus Arteriæ rami per foramina Vertebralia exeuntes.*
p. *Hujus Arteriæ sectio.*
r. *Hujus Arteriæ rami ad Cerebelli posteriora.*
s. s. *Horumce tumorum in Cerebelli posteriora distributio.*
t. t. *Arteriæ spinalis posterioris ob illis ramis ad Medullæ spinalis posteriora descendentes.*

FIGURA TERTIA.

Partes Narium laterales ossibus turbinatis munitas exhibet.

A. A. *Easdem partes elegantius in M. N. k. l. m. n. 53. 54. 55. exhibet. tab. 4ᵃ.*
B. B. *Ossium Cranii sectio.*
C. D. E. *Pars superior Pharingis.*
D. *Tubæ Eustachiæ versus ossis turbinati N. N. imo portas Orificium.*
E. *Sinus muconsi circa hujus Orificii posteriora obvicr(d)*
F. *Processus Basilaris ossis Occipitalis sectio.*
G. H. *Ossis Sphenoidis sectio.*
G. *Sinus Sphenoidalis sectio.*
H. *Sellæ equinæ sectio.*
I. *Glandula pituitaria.*
K. *Sinuum frontalium sectio.*
L. I. *Ossis ethmoidis sectio.*
M. *Os turbinatum superius.*
N. *Officulum turbinatum supra ossis turbinati M. posteriora sedens.*
O. O. *Os turbinatum inferius.*
P. P. *Alarum Nasi facies lateralis interna.*

FIGURA QUARTA.

Caput verticalem ab anterioribus ad posteriora scissum, Tegumenta, Ossa, Duramque Meningem aversam quo Cerebro, Cerebellique lateralis abducta Pia-meninge vasis ipsa irroratibus pilld , pedes Hippocampus , Plexus Choroydeus , partes Narium laterales, ossibus turbinatis ablatis , detegerentur , repræsentat.

A. A. *Tegumentorum sectio.*

B. B. *Ossium Cranii sectio.*
C. C. *Duræ Vertebræ sectio.*
D. D. *Processus Odontoidei secundæ sectio.*
E. *Corporis hujus Vertebræ sectio.*
F. *Ligamentum secundam vertebram occipiti connectens.*
G. *Ossis maxillaris sectio.*
H. *Ductus quo mediante membrana Narium inferiora obducens , membrana Palatum obducenti connectitur , sectio.*
I. *Palati Sulci.*
K. *Veli penduli Palati sectio.*
L. *Dentes.*
M. *Pharinx.*
N. *Tubæ Eustachiæ sectio.*
O. *Crista Sphænoidis. Has omnes partes videre est in tab. 4ᵃ. B. C. D. E. F. S. T. U. V. W. X. Y. Z. a. b. c. d. e. f. g. h. i. k. l. m. n. o. 42. 43. 53. 55. in qua subtus explanantur.*
P. *Ossis turbinati inferioris sectio.*
Q. *Officulum turbinatum minus in Vestibitum.*
R. *Fragmenta ossis turbinati superioris.*
S. S. *Ossis ethmoidis sectio.*
T. *Orificium versus officuli turbinati superiora obvium , quo Sinuum sphænoidalium aucus erumpit ad Nares.*
U. *Os turbinatum minus infra ossis turbinati superiori partem latens , supra quod adest*
V. *Foramen quo Sinum exhaudorum mucus fluit ad Nares.*
W. *Sinus ea quo foramen in maxillares , & aliud in Sinus frontales hiantia adsunt.*
X. Y. *Ductus lacrymalis incurvus , qui in tab. 5ᵃ. fig. 2ᵃ. V. W. adest.*
Y. *Hujus ductus Orificium infra ossis turbinati inferioris anteriora patens.*
Z. *Facies laterales interna alarum Nasi in P. fig. 3ᵃ. exhibitarum.*
a. b. c. d. *Facies laterales externa & convexa Cerebri.*
a. *Lobus anterior.*
b. b. *Lobus medius.*
c. *Lobus posterior.*
c. c. *Sectio triangularis in qua adsunt*
d. d. *Sectio triangularis in qua adsunt*
c. f. *Pedes Hippocampi Plexu choroydeo cooperti , in Q. R. fig. 1ᵃ. tab. 8ᵃ exhibitur.*
e. *Corporis callosi margo posterior Hippocampis continuu.*
f. *Extremitas anterior Hippocamporum.*
g. *Processus juxta partes laterales internas Sinuum posteriorum Ventriculorum lateralium in P. Q. fig. 1ᵃ. tab. 5ᵃ. quandoque Plexu choroydeo cooperti.*
h. h. *Fissura major Sylvii per quam erumpunt*
i. *fasculi rami principis Carotidis interna ad superficiem Cerebri convexam.*
k. k. *Pena istum sinum lateralem , Sinusque Sphænoidens transversos saluentes.*
l. l. *Venæ in Sinum longitudinalem opertæ , quarum Orificia in h. h. tab. 4ᵃ. exhibentur.*
m. *Pena quæ adest in V. fig. 3ᵃ.*
n. *Alia Vena sese in Sinus penvost superiores evacuantes.*
o. *Lateralia Cerebelli convexa , obducta Pia-matre vasis sanguineis ipsam irrigantibus vaviegata.*
p. p. *Medulla oblongata inferiora.*
p. *Corpus Olivare dextrum.*
q. *Hujus Medullæ sectio.*
r. s. *Vertebralis Arteria.*
s. *Hujus Arteria Cerebelli lateralia adeuns ramus.*
t. *Ipsamet arteria versus protuberantiam annularem cum oppositia cucuns.*
u. *Duræ-matris sectio.*

(a) *Processus isti in omnibus cadaveribus non ita distinctos vidio , nisi cum laminæ internæ duræ-matris foramen ab inferiori media parte posteriori tentorii ad occipitale prolungatam , cerebelli posteriora lnsecans , inferius aliquando tissida, illos distinguent ; si cum simplex aut bisida , semper illi introrsum minime vero extrorsum distinctii , id est plane cerebello continui , ut reipsa sunt , apparent.*

(b) *Licet arachnoidei istam oblongatam tum spinaleu video , ad instar insundibuli membranacei quod istæ partes subnitent : nullibi tamen distinctius apparet , verumque consistit membranam , quam in cerebro posterioribus inferioribus ; in aliis enim partibus distinctius telæ cellulosæ illam efformantes cellulæ , piæque matri magis continuæ videntur.*

(c) *Gangliorum nervosarum fermè à motu mechanico , uti varias ipsorum per varia vitæ tempora mutationes , varietates , structuram , &c. ortum deducennus ; in campeo eo libentius re sententiâ datum esse volebat , tum quod in Gangliis vertebralibus sila nervea à parte posteriori medullæ spinalis procedentia uniens , in eorum juxtâ processuum obliquorum vertebrarum partem anteriorem , à spina decessu tumesacta volvunctur , tum ob alia quæ Regiæ Scientiarum Academiæ communicavimus.*

Ganglia vertebralia tam à longo tempore à clariss. Bidloo, superciorur vero ab optimi. Hubeo sie expressa , ut hormunc Gangliorum structuræ peculari se minime attenduffe pateat ; enim primum Ganglia ista sic baferentis , quo tum anteriori tum posteriori fasciculo tribuat , qua reipsâ in fasciculus tantum posterioribus medullæ injnut ; alter verò de illis nullam faciunt mentionem : & ut uno verbo complectar omnia , apud omnes tum iconographos tum descriptores anatomicos mihi notos , altum est de geminu illorum Gangliorum structurâ silentium.

(d) *A memine singulares istas fascias deversmodè sese circa orisium tubæ posteriora densluentes pictas und descriptas non ausim assverocare : cum autem hasce plus ani minus , consimiter tamen conspicuas invenerim , illas ideico pingi curavi. Earum intervalla , ut sinus muconso , eo libentius agnosco , quod ex illis semper mucum trudeuntem viderum.*

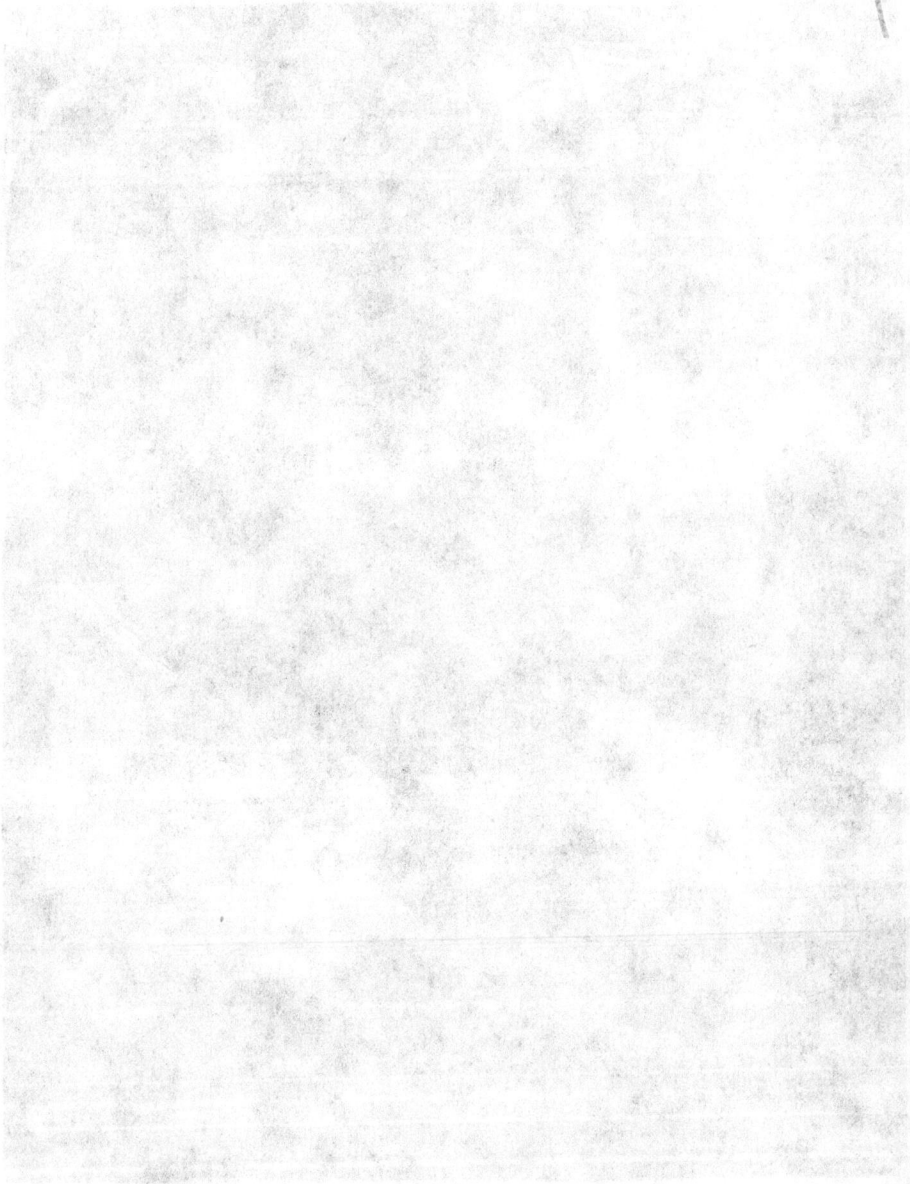

HUITIÉME PLANCHE.

FIGURE PREMIERE.

Cette Figure représente une coupe horisontale des Narines divisées par un plan qui passeroit entre les Cornets inférieurs & les supérieurs du Nez. On y voit une coupe du Sinus maxillaire, de toute la cavité des Narines, &c.

A. L'extrémité du Nez. B. B. Les Joues. C. L'Oreille.
D. D. Les Yeux. *On peut, pour prendre une meilleure idée de la situation des parties, imaginer cette coupe fermée.*
E. E. Coupe de la peau, de la graisse & des Muscles.
F. G. H. J. J. K. L. M. Coupe des Os de la machoire supérieure.
F. F. Coupe des cartilages du Nez dans leur union avec les Os du Nez.
G. G. Coupe de l'Os maxillaire.
H. H. Coupe de l'Os de la pomette.
I. I. Coupe de l'Arcade Zigomatique.
J. J. Coupe de la cloison des Narines, représentée planche 4me. 48. 49. 50.
K. L. Coupe des paroys internes des Sinus maxillaires.
L. L. Coupe des conduits lacrymaux, représentés planche 5me. fig. 2de. v. w. & planche 7me. fig. 4me. X. Y.
M. M. Coupe de Apophises pterigoïdes de l'Os sphenoïde & de l'Os du Palais.
N. O. La partie inférieure des fosses nasales, tapissée par la membrane pituitaire.
N. N. La face supérieure des cornets inférieurs du Nez représentés, planche 4me. fig. 3me. O. O.
O. O. La paroy inférieure des Narines.
P. P. Le voile *du Palais*, représenté planche 5me. fig. 2de. 14. 15.
Q. Q. R. R. Coupe de la partie supérieure de la cavité des Narines.
Q. Q. Les Cornets *supérieurs du Nez* vus inférieurement, & représentés planche 7me. fig. 3me. M.
R. R. La paroy supérieure des Narines.
S. S. Coupe de la partie supérieure des Sinus maxillaires tapissés par la membrane pituitaire.
T. T. Coupe de la partie inférieure des Sinus maxillaires tapissés par la membrane pituitaire. Voyez ces Sinus planche 5me. fig. 2de. u.
U. Les deux *condyles* de la machoire inférieure, dont le droit est recouvert du cartilage mitoyen situé entre ce condyle & la cavité qui le reçoit.
V. W. Fosses *Articulaires* des condyles de la machoire inférieure, garnies de leurs cartilages.
V. Apophise *transversé* sur laquelle ces condyles roulent dans les différens mouvemens de la machoire.
W. *Cavité* située à la partie postérieure de cette Apophise, qui reçoit les condyles de la machoire inférieure.
X. X. Coupe des Muscles & des graisses.
Y. Le Bec de l'Os sphenoïde, représenté planche 7me. fig. 4me. O.
Z. &. La partie supérieure du Pharinx, par où les Fosses nasales communiquent avec la bouche, comme on le voit en 41. 42. 43. 44. planche 4me.
Z. La paroy postérieure du Pharinx.
&. La Luette, représentée par 45. planche 4me. & par 16. planche 5me. fig. 2de.

FIGURE SECONDE.

On a représenté dans cette Figure une coupe horisontale & verticale de la Tête, ouverte de maniere qu'on voit inférieurement la face inférieure du Cerveau, du Cervelet & de la Moëlle allongée, toutes les parties qui leurs sont rélatives; supérieurement la base du Crâne, les Nerfs qui trasversent cette base, & différentes coupes pour découvrir une partie des Nerfs, des Muscles, des Arteres & des Veines de l'Œil, une partie de l'Oreille, les Canaux demi-circulaires, le Labyrinte, le Marteau, l'Enclume représentés dans leur grandeur & dans leur situation naturelle.

A. Le Nez. B. L'Œil gauche.
C. Des Oreilles D. Le Front.
E. E. Coupe des Tégumens. F. G. H. Des Os du Crâne.
F. F. Coupe horisontale des Os du Crâne.
G. G. Coupe des Sinus fronteaux, représentés par xx. planche 5me. fig. 2de.
H. H. Coupe verticale de ces mêmes Os le long des Apophises mastoïdes, représentés en D. D. planche 6me. fig. 1re.
I. J. K. L. M. N. O. La base *du Crâne* couverte en partie de la Dure-mere.
I. Apophise *crista galli* de l'Os ethmoïde, représentée en d. planche 4me.
J. J. Coupe triangulaire de la partie supérieure de la fosse orbitaire.
K. La piéce d'Os écartée pour découvrir les Veines, les Arteres, &c. de l'Œil.
L. Les fosses *antérieures* de la base du Crâne.
M. M. Les fosses *moyennes*.
N. N. Les fosses *postérieures inférieures*.
O. O. Coupe de la Dure-mere.
P. P. Coupe de la tente, représentée planche 6me. en 9. 11. 12. fig. 3me.
Q. R. S. T. Le Cerveau vu inférieurement, couvert de la Pie-mere garnie des vaisseaux qui s'y distribuent.
Q. La face inférieure du *Lobe postérieur*.
R. La face inférieure du *Lobe moyen*.
S. La face inférieure du *Lobe antérieur*. Voyez *ces Lobes* représentés planche 7me. en a. b. c. fig. 4me.
T. *Sinuosité* entre le Lobe moyen & le Lobe antérieur, appellée *fissure de Sylvius*, & représentée en N. N. planche 5me. fig. 1re. en M. M. & en I. I. planche 6me. fig. 1re. & 2de. en h. h. planche 7me. fig. 4me.
U. V. Le Cervelet vu inférieurement, & représenté sous deux coupes différentes en 5. 6. 6. planche 4me. & en h. i. i. planche 6me. fig. 1re. vu supérieurement en 15. 16. 17. fig. 3me. de cette même planche, postérieurement en X. X. planche 7me. fig. 1re. & lateralement en O. fig. 4me. de cette même planche.
V. Coupe de la portion droite du Cervelet pour découvrir le Lobe postérieur Q. du Cerveau.
W. X. Y. Z. a. b. c. La face inférieure de la Moëlle allongée dont on voit la coupe en z. 8. 9. 10. planche 4me.
W. Le pont *de Varole*, ou la *protuberance annulaire*, sur laquelle on doit observer les filets medullaires transversaux des Pedoncules du Cervelet qui croisent ceux des Pedoncules du Cerveau: cette protuberance touche dans la situation naturelle les Eminences h. h. mais pour diminuer le nombre de Figures, on l'a éloignée afin de mieux voir les autres parties.
X. X. Y. Les Pedoncules *du Cerveau* formés par la réunion des filets medullaires des Lobes du Cerveau. Ces Pedoncules paroissent se plonger dans la protuberance annulaire, & laissent entre-eux
Y. *La Petite fosse* qui distingue ces Pedoncules.
Z. Les Pedoncules *du Cervelet* coupés à droite.
a. Les corps *Piramidaux antérieurs*.
b. Les corps *Piramidaux postérieurs*, représentés en r. r. planch. 6me. fig. 1re.
c. Les corps *Olivaires*.
d. e. *Rainure* qui distingue les corps Pyramidaux postérieurs l'un de l'autre: à la partie inférieure de cete Rainure s'observent plusieurs *petits filets* medullaires qui se contournent sur les corps Pyramidaux.
e. La partie inférieure de la Moëlle allongée qui s'insinue dans le canal de l'Epine par
f. f. Le grand *Trou occipital*.
g. g. La premiere Vertébre du Col.
h. i. k. La premiere paire *des Nerfs Cervicaux*.
g. Son cordon *antérieur*.
i. Son cordon *postérieur*.
k. La sortie de ce Nerf entre la premiere Vertébre & la seconde du Col.
l. m. La Xe. paire *de Nerfs du Cerveau*, ou *l'Occipital*.
l. Son origine de la partie inférieure des corps Olivaires & des deux corps Pyramidaux.
m. Sa sortie entre la premiere Vertébre du Col & l'os Occipital.
n. o. La neuvieme paire *des Nerfs du Cerveau*.
n. Origine de ces Nerfs des corps Olivaires.
o. Coupe de ce Nerf.
p. q. Le nerf *Recurrent*, ou *l'accessoire de Willis*.
p. L'Origine de ce Nerf, représenté en 22. 23. planche 4me. & en b. l. planche 7me. *fig.* 2de.
q. Coupe de ce Nerf.
r. s. La huitieme paire *des Nerfs du Cerveau*.
r. Son origine de l'intervalle des corps Olivaires & Pyramidaux.
s. Coupe de ce Nerf.
t. u. v. Les deux portions de la septiéme paire du Cerveau.
t. La portion *molle* qui vient de la Moëlle allongée & du quatriéme Ventricule. Voyez o. q. planche 6me. fig. 1re.
u. La portion *dure* qui vient des parties laterales postérieures du pont de Varole.
v. Coupe de ce Nerf.
w. x. La sixieme paire *du Cerveau*.
w. Son origine de la partie supérieure des corps Pyramidaux postérieurs.
x. Coupe de ce Nerf.
y. z. La cinquieme paire *du Cerveau*.
y. Son origine de la partie antérieure de Pedoncules du Cervelet.
z. Coupe de ce Nerf.
a. b. La quatrieme paire *de Nerfs du Cerveau*. Voyez-en l'origine en 24. planche 5me. fig. 3me.
b. Coupe de ce Nerf.
c. d. La troisieme paire *de Nerfs du Cerveau*.
c. Son origine de la partie moyenne des Pedoncules du Cerveau.
d. Coupe de ce Nerf.
e. f. g. La seconde paire *de Nerfs du Cerveau*.
e. e. *L'angle postérieur* de ces Nerfs qui viennent de la partie postérieure inférieure des couches des Nerfs optiques représentées en Y. f. t. planche 5me. fig. 1re. avant leur union en f.
f. Union *des Nerfs optiques*.
g. Coupe des Nerfs optiques.
h. h. Les Eminences *orbiculaires*.
i. j. k. l. La premiere paire *de Nerfs du Cerveau*.
i. Ces Nerfs gonflés dans leur origine des corps cannelés, représentés par X. r. planche 5me. fig. 1re.
j. Ces Nerfs moins gros dans leur partie moyenne & coupés à droite.
k. Les Tubercules *mamillaires* formés par l'extrémité de ces Nerfs gonflés.
l. m. n. o. p. q. r. La Carotide *interne*.
m. Coupe de cette Artere.
n. *Communication* entre les deux troncs de cette Artere.
o. *La branche* principale de cette Artere qui se porte dans la grande fissure de Sylvius, & dont on voit les Rameaux principaux en i. planche 7me. fig. 4me.
p. *Les branches* qui de cette Artere se portent en serpentant le long du bord inférieur des Lobes antérieurs du Cerveau.
q. q. *Communication* de cette Artere avec la Vertébrale plus longue que dans l'état naturel, parce qu'on a été obligé d'éloigner ces parties pour en découvrir d'autres.
r. s. La Tige *pituitaire*.
r. Son origine de l'entonnoir.
s. Coupe de cette Tige. Voyez-la en x. planche 4me.
t. u. Les Veines qui rampent sous la face inférieure des Lobes moyens du Cerveau.
u. Coupe de ces Veines qui vont aboutir dans le Sinus Ophthalmique.
v. x. Les Veines qui rampent sur la face inférieure des Lobes postérieures du Cerveau, & qui se rendent dans les Sinus lateraux.
y. ζ. Δ. Les Arteres *Vertébrales*.
y. Leur entrée dans le Crâne entre la premiere Vertébre du Col & le trou Occipital. Voyez ces *Arteres* en l. k. planche 7me. fig. 2de.
ζ. Les Arteres *spinales*.
Δ. *Union* des deux Arteres Vertébrales pour former 1. 2. 3. 4. 5. 6. *L'Artere basilaire* représentée en 13. 14. planche 4me. On n'a représenté ici que quelques-uns des Rameaux principaux de cette Artere, pour découvrir le pont de Varole.
1. Rameaux de cette Artere qui se distribuent à la partie postérieure & moyenne du Cervelet.
2. L'Artere *auditive*.
3. *Branche* de la basilaire qui se distribue à la partie antérieure du Cervelet.
4. 4. *Rameaux* que cette Artere jette à la protuberance annulaire.
5. *Division* de cette Artere en deux branches principales. Quelquefois elle se divise d'abord en 4.
6. 6. *Ces deux branches*.
7. 8. Leur subdivision en deux *Rameaux* dont *l'un* se porte à la partie moyenne & supérieure du Cervelet, & *l'autre*
8. Se distribue à la partie laterale & supérieure; c'est aussi dans ce Rameau que s'ouvre le conduit de communication *q. q.* Voyez *les Ramifications de ces branches sur la face supérieure du Cervelet* en 16. & 17. planche 6me. fig. 3me.
9. Sortie de la neuviéme paire par le *trou condyloïdien antérieur*.
10. Sortie du Nerf spinal par le *trou déchiré postérieur*; d'autrefois ce Nerf est uni à la huitiéme paire.
11. Sortie de la 8e. paire par *le trou déchiré postérieur*.
12. Sortie d'une petite portion de la huitiéme paire par le même trou, separée quelquefois du Tronc principal, comme on le voit ici.
13. Entrée des deux portions de la septiéme paire dans le *trou auditif interne*.
14. 15. 16. 17. Endroits où la 6me. 5me. 4me. 3me. paire se plonge dans la Dure-mere.
18. Entrée du Nerf Optique dans le *trou Optique*.
19. Trous *olfactifs* par lesquels les filets des Tubercules mamillaires j. k. entrent dans le Nez.
20. Coupe des Veines t. u qui se rendent dans
21. 22. Le Sinus *ophthalmique*, situé ordinairement sur les parties latérales de la fosse pituitaire.
21. *La Veine* de la Dure-mere ouverte dans ce Sinus qui se rend dans
22. Le Sinus *petreux supérieur*.
23. Le Sinus *petreux inférieur*.
24. Les Sinus *occipitaux antérieurs inférieurs*.
30. *La tige pituitaire* située sur la partie moyenne de cette Glande.
31. Coupe de la Carotide interne.
32. Le Sinus *caverneux*.
33. L'espéce d'S. que la Carotide interne forme dans ce Sinus sur les parties laterales de la fosse pituitaire.
25. Les Sinus *occipitaux antérieurs supérieurs*.
26. 27. 28. 29. 30. 31. La fosse *pituitaire*.
26. Les Apophises *clinoïdes postérieures*. 27. Les *antérieures*.
28. Le Sinus *circulaire* de Ridley.
29. La Glande *pituitaire*. Voyez cette *Glande* en y.
34. *Branche* de cette Artere appellée *Artere ophthal-*

Il reste quelques Articles de cette Table françoise à placer que l'on trouvera dans la Table latine ci-contre. On doit s'appercevoir que l'on n'a pas pu faire autrement. On va donner encore 13 Planches pour completer l'Anatomie.

TABULA OCTAVA.

FIGURA PRIMA.

Sectionem Narium horisontalem intra Ossa turbinata superiora & inferiora exhibet.

A. *Extremitas Nasi.* B. B. GENÆ. C. AURIS sinistra.
D. D. OCULI.
E. E. *Sectio cutis, adipis & carnium.*
F. G. H. I. I. K. L. M. Sectio Ossium maxillæ superioris.
F. F. *Cartilaginem Nasi in ipsorum Ossibus Nasi conjunctione sectio.*
G. G. *Ossis maxillaris sectio.* H. H. *Ossis mali sectio.*
I. I. *Zigoma sectio.*
J. J. *Septimarum in* 48. 49. 50. *tab.* 4ᵃ. *exhibiti sectio.*
K. L. *Parietum internorum antrorum Hygmori sectio.*
L. L. *Dustium lacrymalium quos videre est in tab.* 4ᵃ. *fig.* 2ᵃ. V. W. & tab. 7ᵃ. *fig.* 4ᵃ. Y. L.
M. M. *Processuum Pterigoideorum & Ossis palati sectio.*
N. O. *Fossarum nasalium membranâ pituitariâ obductarum pars inferior.*
N. N. *Pars superior Ossium turbinatorum inferiorum in tab.* 4ᵃ. *fig.* 3ᵃ. O. O. *exhibitorum.*
O. O. *Narium paries inferior.*
P. P. VELUM PENDULUM *palati adest & in tab.* 5ᵃ. *fig.* 2ᵃ. 14. 15.
Q. Q. R. R. *Partes superioris Narium membranâ pituitariâ tectæ sectio.*
Q. Q. *Ossium turbinatorum superiorum pars inferior. Hanc videas in tab.* 7ᵃ. *fig.* 3ᵃ. M.
R. R. *Narium paries superior.*
S. S. *Parietis superioris antrorum Hygmori membrana pituitaria velata sectio.*
T. T. *Parietis inferioris horumce antrorum membranâ pituitariâ vestitæ sectio. Hæc antra in tab.* 5ᵃ. *fig.* 2ᵃ. *patent.*
U. *Condyli maxillæ inferioris cartilagine obducti, in quorum vero dextrorsûm cartilago articulationis media incumbit.*
V. W. *Fossæ articulares Condylorum maxillæ inferioris cartilagine obductæ.*
W. *PROCESSUS TRANSVERSI circa quos vertuntur Condyli.*
W. *CAPITIS in horumce processuum parte posteriori sita, Condylosq; excipiens.*
X. X. *Cranium & adipis sectio.*
Y. *Ossis cuneiformis crista in tab.* 4ᵃ. *i. & tab.* 7ᵃ. *fig.* 4ᵃ. Q. *exhibita.*
Z. &. *Pars superior Pharyngis, qua rimarum inter Nares ductus communicatur, ut observare est in* 41. 42. 43. 44. *tab.* 4ᵃ.
Z. *Pars posterior Pharyngis.*
&. UVULA *quæ in* 43. *tab.* 4ᵃ. & *in* 16. *fig.* 2ᵃ. *tab.* 5ᵃ. *adest.*

FIGURA SECUNDA.

Exhibet Sectionem, tum horisontalem, tum verticalem Capitis ita aperta, ut inferiora Cerebri, Cerebelli & Medullæ oblongatæ, ovaningq; ipsis relativa inferius; superius vero Cranii basis, per illam migrantes Nervi, varieq; que degerentur Oculi & Auris internæ sectiones, appareant.

A. NASUS. B. OCULUS *sinister.* C. AURIS *sinistra.*
D. FRONS. E. E. *Tegumentorum sectio.*
F. G. H. *Ossium Cranii sectio.*
F. F. *Horumce Ossium sectio horisontalis.*
G. G. *Sinuum frontalium in* x. x. *fig.* 2ᵃ. *tab.* 5ᵃ. *exhibitorum sectio.*
H. H. *Eorumdem Ossium juxta Processûs mastoideos in* D. D. *fig.* 1ᵃ. *tab.* 6ᵃ. *apparentium, sectio Verticalis.*
J. J. K. L. M. N. O. *Cranii basis Duræ-meningæ partim obducta.*
I. *Processûs crista galli ossis ethmoidis in* d. *tab.* 4ᵃ.
J. J. *Sectio triangularis partis superioris Orbitæ.*
K. *Portio triangularis Ossea, qua superiora Oculi degerentur, sublata.*
L. FOSSÆ anteriores. M. M. mediæ. N. N. posteriores inferiores Cranii basis.
O. O. *Duræ-meningæ sectio.*
P. P. *Tentorii in* 8. 9. 11. 12. *fig.* 3ᵃ. *tab.* 6ᵃ. *exhibiti sectio.*
Q. R. S. T. *Cerebri inferiora Pia-meningæ vasis ab ipsa subtis velata.*
Q. *Lobi posterioris* R. *medii.* S. *anterioris insertio. hosce Lobos in* a. b. c. *fig.* 4ᵃ. *tab.* 7ᵃ. *videre est.*
T. FISSURA *major Sylvii in* N. N. *fig.* 1ᵃ. *tab.* 5. *in* M. M. & *in* l. l. *fig.* 1ᵃ. & 2ᵃ. *tab.* 6ᵃ. & *in* h. h. *fig.* 4ᵃ. *tab.* 7ᵃ. *conspicuatur.*
U. V. *Cerebelli inferiora, variasq; vasorum sectiones in* 5. 6. 6. *tab.* 4ᵃ. & *in* h. i. i. *fig.* 1ᵃ. *tab.* 6ᵃ. *cujusq; superiora in* 15. 16. 17. *fig.* 3ᵃ. *exhibitæ habet. posteriora in* X. X. *fig.* 1ᵃ. *tab.* 7ᵃ. & *lateralia in* O. *fig.* 4ᵃ. *ejusdem tabulæ apparent.*
V. *Portionum dextræ Cerebelli, quo Lobi posterioris* Q. *Cerebri inferiora degerentur, sectio.*
V. X. Y. Z. a. b. c. *Medulla oblongata inclinata, cujus sectionem in* z. 8. 9. 10. *tab.* 4ᵃ. *observare est.*
V. PONS *Varolii, seu protuberantia annularis, in qua transversalia filamenta Pedunculorum Cerebelli, Cerebri Pedunculos decussantia apparent: illa pertubeantia in situ naturali Processibus* h. h. *consi-*

---

gua, sic aversâ, ut inter hos tectæ partes in conspectum veniant.
X. X. Y. PEDUNCULI *Cerebri filis medullaribus Cerebri Loborum efformati, quiq; penetrant & inter fixant Cerebelli Pedunculos, ut in* 19. *tab.* 4ᵃ. *videre est.*
Y. FOSSA *media hosce Pedunculos seperans.*
Z. PEDUNCULI *Cerebelli dextrorsûm sectio.*
a. CORPORA *pyramidalia anteriora.*
b. CORPORA *pyramidalia posteriora in* t. r. *fig.* 2ᵃ. *tab.* 5ᵃ. *exhibita.*
c. CORPORA *olivaria.*
d. c. *Rimula corporum pyramidalia anteriora intersecans, in cujus vero parte inferiori circa horumce corporum inferiora contorta filamenta Medullaria apparent.*
e. *Pars inferior Medullæ oblongatæ in Vertebrarum canalem abeuntis per.* f. f. FORAMEN Occipitale.
f. f. *Prima colli Vertebra.*
h. i. k. PRIMA *Nervorum cervicalium conjugatio.*
h. *Fasciculus anterior hujus Nervi.*
i. *Fasciculus posterior ejusdem Nervi.*
k. *Idem Nervus intra primam & secundam colli Vertebram descendens.*
l. m. DECIMA *Nervorum Cerebri conjugatio, seu Occipitales.*
l. *Ipsius in parte corporum olivarium inferiori à duobus pyramidalibus corporibus origo.*
m. *Ipsius intra primam colli Vertebram & Os Occipitale egressus.*
n. o. NONA *Nervorum Cerebri conjugatio.*
n. *Illius Nervi à corporibus Olivaribus origo.*
o. *Illius Nervi sectio.*
p. q. NERVUS *recurrens, seu accessorius Willisii.*
p. *Hujus Nervi, ut in* 22. 23. *tab.* 4ᵃ. & *in* h. l. *fig.* 2ᵃ. *tab.* 5ᵃ. *videre est origo.*
q. *Hujus Nervi sectio.*
r. s. OCTAVA *Nervorum Cerebri conjugatio.*
r. *Ipsius à corporum olivarum & pyramidalium intervallo origo.* s. *Ipsius sectio.*
t. u. v. *Auba septimi paris Cerebri portiones.*
t. PORTIO *mollis à Medulla oblongata & à Ventriculo quarto ut in* o. q. *fig.* 1ᵃ. *tab.* 6ᵃ. *videre est originem ducens.*
u. PORTIO *dura à laterali & posteriori pontis Varolii parte orta.* v. *Harum portionum sectio.*
w. x. SEXTA *Nervorum Cerebri conjugatio.*
w. *Ipsius à parte corporum pyramidalium superiori origo.*
x. *Hujus Nervi sectio.*
y. z. QUINTA *Nervorum Cerebri conjugatio.*
y. *Ipsius à Pedunculorum Cerebelli parte anteriori origo.*
z. *Hujus Nervi sectio.*
a. b. QUARTA *Nervorum Cerebri conjugatio, cujus originem in* 24. *fig.* 3ᵃ. *tab.* 6ᵃ. *videre est.*
a. *Hujus Nervi sectio.*
c. d. TERTIA *Nervorum Cerebri conjugatio.*
c. *Ipsius à parte Pedunculorum Cerebri medii origo.*
d. *Hujus Nervi sectio.*
e. f. g. SECUNDA *Nervorum Cerebri conjugatio.*
e. *Angulus posterior horumce Nervorum à parte posteriori inferiori thalamorum Opticorum in* Y. s. 1. *fig.* 1ᵃ. *tab.* 5ᵃ. *exhibitorum anterius concurrentium.*
g. *Nervorum Opticorum sectio.* g. *Illorum sectio.*
h. PROCESSUS Orbiculares.
i. j. k. PRIMA *Nervorum Cerebri conjugatio.*
i. *Ipsius crassiores à corporibus striatis in* X. r. *fig.* 1ᵃ. *tab.* 5ᵃ. *exhibitis orti.*
j. *Hi Nervi in parte media minutiores & dextrorsûm secti.*
k. TUBERCULI *mamillaris extremitatis anterioris horumce Nervorum tumida.*
l. m. n. o. p. q. r. CAROTIS *interna.* m. *Hujus sectio.*
n. *Harumce Arteriarum communicatio.*
o. *Ramus hujus Arteriæ princeps in fissuram Sylvii erepens ad partem convexam Laborum, ut in* 1. *fig.* 4ᵃ. *tab.* 7ᵃ. *videre est.*
p. *Hujus Arteriæ rami anteriores, Loborum anteriorum Cerebri partem inferiorem regentes.*
q. q. TRUNCUS *quibus marium inter Carotides internas & Vertebrales concurrens, quâ; plusquàm oblonge, quia partes à sua naturali detractæ.*
r. COLUMNA *pituitaria.* r. *Ipsius origo.*
s. *Ipsius sectio istam columnam in* t. *tab.* 4ᵃ. *videre est.*
t. u. VENÆ *in inferioribus Sinî ibi dealbulantes.*
u. *Harum Venarum in Sinu ophthalmico apertorum sectio.*
v. *Harum Venarum cum posterioribus communicatio.*
x. x. *Venæ in Loborum inferiore Cerebri deambulantes, Sinusq; laterales salutantes.*
y. z. a. ARTERIÆ *Vertebrales.*
y. *Illa Arteria inter primam colli Vertebram & Os Occipitale Cranium adeuntes, ut in* 1. k. *fig.* 2ᵃ. *tab.* 7ᵃ. *videre est.*
z. ARTERIÆ *spinales.*
a. *Arteriarum Vertebralium in basilarem in* 13. 14. *tab.* 4ᵃ. *exhibitam, præcipuis canum hic ramis decussatum, concursus.*
1. *Hujus Arteriæ in Cerebelli posteriora & media ramus.*
2. ARTERIA *acustica.*
3. RAMUS *basilaris partem anteriorem & superiorem Cerebelli atingens.*
4. 4. *Hujus Arteriæ ramis ad protuberantiam annularem.*
3. *Hujus Arteriæ in duos principes ramus aliquando in quatuor distributio.* 6. 6. *Hi rami.*

---

7. 8. *Horumce ramorum in duos surculos diviso, quorum unus partem mediam & superiorem Cerebelli, alter vero*
8. *Partem lateralem & superiorem adit, quiq; trunculum communicatiuis q. q. excipit. horumce ramorum distributionem per partem superiorem Cerebelli in* 16. 17. *fig.* 3ᵃ. *tab.* 6ᵃ. *videre est.*
9. *Nonam par à Cranio per foramen condyloideum ad singnam migrans.*
10. *Nervi spinalis per foramen laceratum posterius à Cranio exitus. Est ubi cum octavo conjunctus est iste Nervus.*
11. *Octavi paris per idem foramen à Cranio decessus.*
12. *Surculus Octavi ab ipsâ Durâ-meninge aliquando separatus per idem foramen à Cranio decedens.*
13. *Duarum portionum septimi paris per foramen acousticum internum distributio ad Aurem.*
14. *Sextum par in Duram-meningem immersum.*
15. *Quintum par in Duram-meningen immersum.*
16. *Quartum par per Duram-meningem oculum petens.*
17. *Tertium par per Duram-meningem oculum salutans.*
18. *Nervi Optici per foramen Opticum ad oculi globum distributio.*
19. FORAMINA *olfactoria per quæ surculi tuberculorum mamillaium* 1. k. *ad Nares descendunt.*
20. *Sectio Venarum* l. u. *substantiam.*
21. 22. SINUS *ophthalmicos immediatè laterali parte sellæ equinæ non rarò assidentes.*
21. *Duræ-meningæ Sinum in illo Sinus adnexu.*
22. SINUM *petrosum superiorem.*
23. SINUS *petrosus inferior.*
24. SINUS *Occipitales anteriores inferiores.*
25. SINUS *Occipitales anteriores superiores.*
26. 27. 28. 29. 30. 31. SELLA equina.
26. PROCESSUS *clynoidei posteriores.* 27. *Anteriores.*
28. SINUS *circulare Ridleyi.*
29. GLANDULA *pituitaria, quæ in* 30. *tab.* 4ᵃ. *adest.*
30. COLUMNA *pituitaria in illius Glandulæ parte media superiori sectio.*
31. *Caroidis interna sectio.*
32. SINUS *cavernosus.*
33. *Duplex Carotidis interna inflexio ad instar* S. *in illo Sinu, juxta sellæ equinæ partes laterales.*
34. *Hujus Arteriæ ramus ophthalmicos oculum irrigans.*
35. 36. 37. 38. 39. 40. 41. *Musculi oculi.*
35. MUSCULUS adductor. 36. 37. 38. *obliquus major.*
37. TROCHLEA *sua annulare cartilagineæ per quam obliqui sursûm ad oculi Globum descendit. Hunc annulum in* O. *fig.* 2ᵃ. *tab.* 5ᵃ. *observare est.*
38. *Tendo ejusdem Musculi ab isto annulo egressi, oculiq; Globo insersi.*
39. MUSCULUS *elevator palpebræ superioris.*
40. MUSCULUS *elevator oculi.*
41. MUSCULUS *abductus oculi.*
42. *Horumce Musculorum circa foramen Opticum à Durâ-meninge communis origo.*
43. GLANDULA lacrymalis.
44. RAMUS *Arteriæ Arteria Ophthalmicæ illam Glandulam irrigans.*
45. RAMUS *nasalis Arteriæ ophthalmicæ.*
46. *Hujusce rami surculus per foramen orbitarium anteriorum Naris petens.*
47. *Hujus Arteriæ rami ad Duram-meningem juxta fissuram sphenoidalem.*
48. VENA ophthalmica.
49. *Nervi intercostalis à sexto paris origo, juxta partem lateralem internam inflexionis posterioris Carotidis secti.*
50. *Sexti paris in Musculum abductorem distributio.*
51. *Tertii paris in oculi Musculos distributio.*
52. *Ramus primus quini paris seu ophthalmicus trifidus.*
53. *Ipsius ramus frontalis partem elevatoris palpebræ superioris superiorem legens, ipsiq; & partibus Trochleæ vicinis ramos impartiens; dein per foramen orbitarium superiorem supra frontem crepens.*
54. *Ramus nasalis.*
55. *Hujus rami surculus per foramen orbitarium anterorem & olfactorium erepens, dein per aditui olfactoriorum ad Nares descendens.*
56. *Ipsius lacrymalis ramus Glandulam lacrymalem salutans.*
57. *Quarti paris in Musculum Trochlearum distributio.*
58. RAMUS *secundus quini paris per foramen rotundum exiens.*
59. RAMUS *tertius quini paris per foramen ovale in maxillam inferiorem migrans.*
60. 61. 62. 63. 64. 65. 66. 67. 68. AURIS interna.
60. *Pars superior tympani.*
61. *Os incudis dictum.*
62. *Os malleus dictum.*
63. *Musculus Fobii.*
64. 65. 66. 67. LABYRINTHUS.
64. 65. 66. CANALIS tres semi-circulares.
64. CANALIS *superior.*
65. CANALIS *inferior.*
66. CANALIS *medius seu anterior seu externus.*
67. COCHLEA.
68. *Foraminis acustici interni ima in duas partes distincta, una superior, altera vero inferior.*
69. *Portionis duræ per partem superiorem in Auris extrema distributio.*
70. *Portionis mollis Nervi acustici bifidi in cochleam, tum in Canales semi-circulares distributio.*

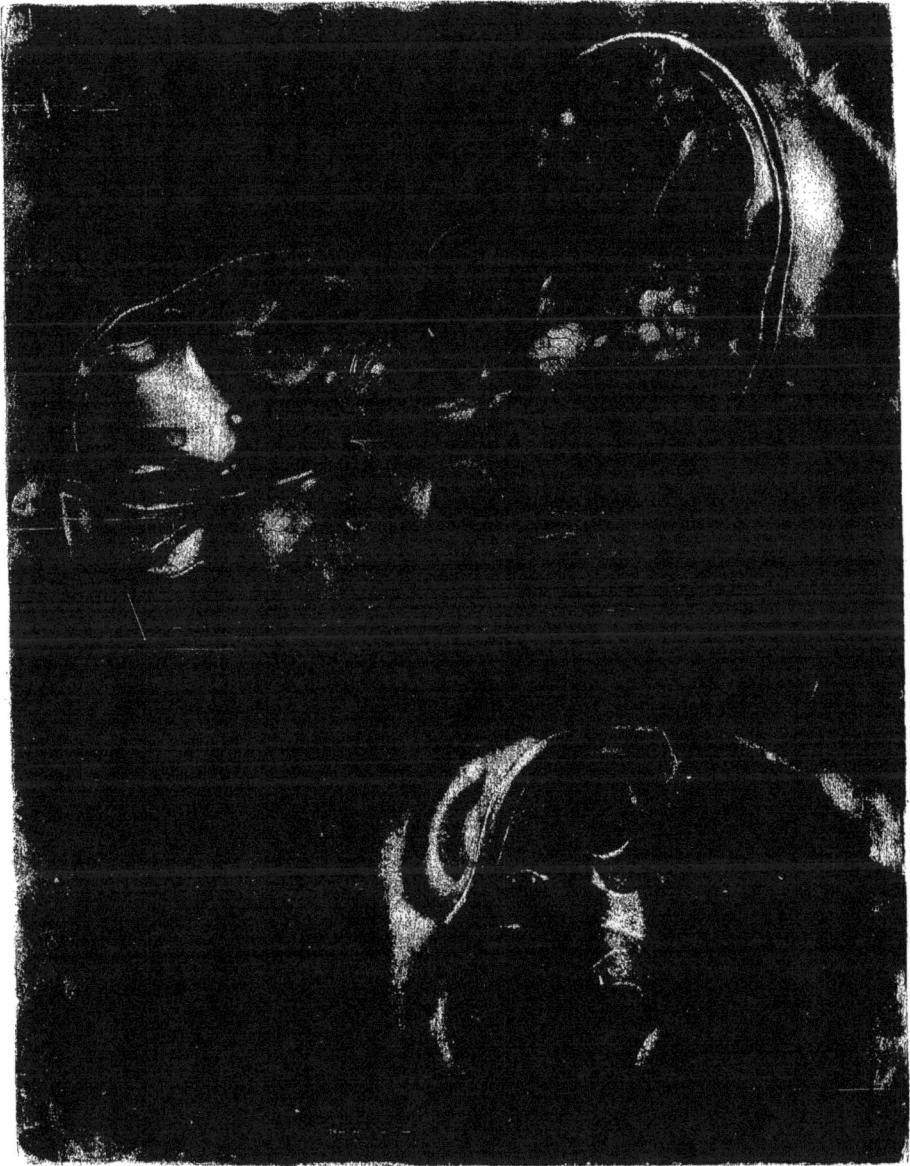

www.ingramcontent.com/pod-product-compliance
Lightning Source LLC
Chambersburg PA
CBHW032256210326
41520CB00048B/4234